清华电脑学堂

服装配色设计标准教程

（全彩微课版）

彭瑶 / 编著

清華大學出版社
北京

内容简介

本书是一本专门为服装设计师、时尚爱好者以及相关专业学生编写的实用指南。本书深入探讨了色彩理论在服装设计中的应用，提供了一套系统的配色方案和实践技巧，帮助读者掌握如何将色彩的魅力融入服装设计之中，并特别对服装配色设计在各种男装和女装的设计应用进行了有针对性的案例分析。另外，本书赠送PPT课件、教学大纲和同步微视频。

本书适合广大设计爱好者和服装设计师阅读，也可供视觉设计、产品设计、服装设计、环境艺术设计、工业设计和数字媒体动画设计专业的师生阅读。

图书在版编目（CIP）数据

服装配色设计标准教程 ： 全彩微课版 / 彭瑶编著.
北京 ： 清华大学出版社, 2025. 4. -- (清华电脑学堂).
ISBN 978-7-302-68179-3

Ⅰ. TS941.11

中国国家版本馆CIP数据核字第2025BH1667号

责任编辑：张　敏
封面设计：郭二鹏
责任校对：徐俊伟
责任印制：杨　艳

出版发行：清华大学出版社
网　　址：https://www.tup.com.cn，https://www.wqxuetang.com
地　　址：北京清华大学学研大厦A座　　邮　编：100084
社 总 机：010-83470000　　邮　购：010-62786544
投稿与读者服务：010-62776969，c-service@tup.tsinghua.edu.cn
质量反馈：010-62772015，zhiliang@tup.tsinghua.edu.cn
课件下载：https://www.tup.com.cn，010-83470236
印 装 者：小森印刷（北京）有限公司
经　　销：全国新华书店
开　　本：185mm×260mm　　**印　张**：9　　**字　数**：246千字
版　　次：2025年4月第1版　　**印　次**：2025年4月第1次印刷
定　　价：69.80元

产品编号：107015-01

PREFACE 前言

在时尚的浪潮中，服装配色设计是塑造个人形象和风格的关键因素。它不仅反映了穿着者的品位与态度，更是设计师表达创意和情感的语言。因此，掌握服装配色的技巧成为了每一位时尚从业者及爱好者的必修课。本书便是为了帮助读者深入理解并应用服装配色的原理与实践而编写的。

本书共分为7章，每一章节都围绕服装配色的不同方面展开，旨在为读者提供一个全面、系统的学习框架。从基础理论到实战案例，我们力求将复杂的配色知识简化，使读者能够轻松掌握并运用于实际的服装设计之中。

第1章“服装配色概述”为读者揭开了服装配色的神秘面纱，介绍了配色的基本概念、重要性以及在服装设计中的应用。这一章为后续的学习打下了坚实的基础。

第2章“服装款式设计”探讨了如何将配色理念融入服装款式的设计之中，分析了不同款式对色彩选择的影响，指导读者如何在设计初期就考虑色彩搭配问题。

第3章“色彩的基本特征”深入讲解了色彩的三属性——色相、明度和纯度，以及它们如何相互作用，形成丰富多彩的视觉效果。这一章是理解后续内容的关键。

第4章“服装配色心理学”侧重于色彩给人带来的心理感受和情绪反应，分析了不同色彩组合所传达的情感信息，为创造有感染力的服装设计提供了指导。

第5章“服装色彩的配色情感”进一步探讨了色彩在服装上的情感表达，如何通过色彩搭配来传递特定的情绪和氛围，增强设计的吸引力。

第6章“男式服装配色实战”和第7章“女式服装配色实战”分别提供了丰富的男装和女装配色实例。通过分析这些成功案例，读者可以获得灵感，学习如何将理论应用于实际设计中。

无论是服装设计的初学者，还是希望提升自己配色技巧的专业人士，本书都将是宝贵的参考资料。我们希望这本书能够启发创造力，帮助大家在服装配色的艺术旅程上更进一步。

本书通过扫码下载资源的方式为读者提供增值服务，这些资源包括PPT课件、教学大纲和同步微视频。

PPT课件

教学大纲

同步微视频

本书由云南艺术学院彭瑶老师编写。

本书内容丰富、结构清晰、参考性强，讲解由浅入深且循序渐进，知识涵盖面广又不失细节，非常适合艺术类院校作为相关教材使用。

由于编者水平有限，书中错误、疏漏之处在所难免。在感谢广大读者选择本书的同时，也希望能够把对本书的意见和建议告诉编者。

编者

2024 年 10 月

CONTENTS

目录

第1章 服装配色概述

服装，不仅仅是遮体避寒的工具，它是文化的载体，个性的展现，更是色彩的舞台。色彩之于服装，犹如旋律之于乐曲，是基础中的灵魂。在服装设计的世界中，色彩的运用是一门必修的基础课程，它能够左右一件作品的成败，更能影响穿着者的情绪与形象。

1.1 服装配色的重要性

让我们解构色彩基础在服装设计中的重要性。色彩是视觉语言中最直接的表达形式，它传递着比文字和图形更为迅捷的信息。当一件服装映入眼帘时，色彩是第一个被感知的元素。它可以激起观者的情感共鸣，引发某种情绪或回忆。红色激情奔放，蓝色宁静深邃，绿色生机勃勃，不同的色彩有着不同的性格和情感价值。

1.1.1 服装配色是一门艺术

服装设计中的色彩基础还涉及色彩搭配的学问。色彩的搭配不是简单的堆砌，而是一种艺术。正如画家在画布上勾勒出和谐的色彩构图，设计师通过色彩的搭配，让服饰呈现出和谐、平衡而又充满张力的视觉效果。互补色的搭配可以创造强烈的对比和视觉冲击，相近色的搭配则给人柔和舒适的感受。

进一步地，色彩在服装设计中的应用还能够体现时代背景和文化特征。不同的历史时期有着各自的流行色，这些色彩往往和当时的社会状态、文化趋势息息相关。例如，20 世纪 60 年代的迷幻色彩反映了那个时代的自由与反叛精神。而传统文化中的一些特殊色彩，如中国的宫廷黄、日本的和服蓝，它们在现代服装设计中的运用，不仅丰富了设计的文化底蕴，也让服饰有了跨越时空的对话能力，如图 1-1 所示。

图 1-1　服装配色是一门艺术

1.1.2　服装配色的实践

在实践层面，掌握色彩基础对于服装设计而言至关重要。设计师需要了解色彩心理学，知晓不同色彩对人心理的影响，这是打造有情感共鸣作品的前提。同时，熟悉色彩的搭配原则，比如色相环的运用，可以使设计更加得心应手。设计师还要紧跟色彩趋势的变迁，灵活运用到自己的创作中，以确保设计的时代感。

色彩不仅是服装设计中的一种语言，更是一种力量。它能定义风格，塑造气质，甚至影响情绪。色彩基础的掌握，是每一位服装设计师必须精进的技艺。如同舞者在舞台上的每一个转身和跳跃，设计师在色彩的海洋中挥洒自如，才能让服装设计这件艺术品灵动起来，拥有生命的力量。

服装设计的世界是无限宽广的，而色彩则是那片广阔天地中的彩虹。设计师们以色彩为基础，创造出一个个充满魅力的作品，让每件服饰都成为讲述故事的载体，让每个人都能通过色彩和服装来表达自我，享受生命中的每一个瞬间，如图 1-2 所示。

图 1-2　服装配色的实践

1.2 服装配色的要素

在服装设计的领域中，色彩的选择并非随意而为，背后隐藏着一套科学的理论体系。色彩学的基础包括色相、明度和纯度三个维度。色相是区分色彩的标准，如红、黄、蓝等；明度反映了色彩的明暗程度；纯度则是指色彩的饱和度，即色彩的纯净程度。

1.2.1 服装配色中的色相

当我们凝视衣橱中琳琅满目的服饰时，是否曾思索过色彩在服装搭配中扮演的角色？色相，作为色彩的根基，它不仅定义了色彩的面貌，更在无形中影响着我们的情感与形象。

色相，简而言之，是色彩的首要特征，就像人类的姓氏一样，代表了色彩的“家族”。红、蓝、黄这些基础色相，构成了我们视觉世界中的基石，而它们之间的交织和融合，则如同音乐家手中弹奏的乐章，演绎出无穷无尽的时尚旋律。

服装配色的艺术并非一朝一夕即可掌握，它需要对色相间微妙关系的敏感洞察。正如画家在画布上挥洒色彩，设计师和时尚爱好者们在服装上精心搭配色相，以期创造出和谐与对比并存的视觉效果，如图 1-3 所示。

图 1-3　和谐的配色效果

和谐，源自自然界的原则，相邻色相的搭配总能带来宁静致远的感受。想象一下，黎明时分的天空，由深蓝渐变至柔和的紫色，再到温暖的橙色；这种自然界的色相过渡，同样适用于服装。一件浅蓝色的衬衫配上深蓝的西装，再点缀以紫色领带，无不透露出一种优雅而统一的气质。

对比，则是色相搭配的另一番风景。在色轮上彼此对立的色相，如红与绿、蓝与橙，它们的组合能产生强烈的视觉冲击。走在时尚前沿的潮人，可能会选择一件鲜红色的夹克与绿色休闲裤的大胆搭配，尽显个性与活力。

然而，色相的魅力远不止于此。在不同的文化背景中，色相还承载着丰富的象征意义。在中国，红色代表喜庆和好运，而在西方，红色则可能与激情和爱情联系在一起。这样的文化内涵，为服装配色添加了更多思考的维度。

当然，色相的选择也需考虑个人肤色和气质。浅肤色人士穿着温暖色相的衣物会显得更加生动，而深肤色人士则能在冷色调中展现出独特的魅力。了解自身特点，才能在色相的海洋中找到属于自己的那片港湾。

在服装配色的世界里，色相是一抹抹细腻的笔触，勾勒出穿衣者的风格与态度。从和谐到对比，从文化意涵到个人特质，色相在服装语言中演奏着一曲曲动人的交响乐。下次当你打开衣橱，不妨尝试运用色相的魔法，去探索更多令人惊艳的服装配色方案。记住，每一次色彩的配搭，都是你个人风格的一次大胆宣言。

1.2.2 服装配色中的明度

在时尚的大舞台上，色彩是最具表现力的演员之一。它能够传达情感、塑造形象，甚至改变一个人的气质。而在这场视觉盛宴中，明度扮演着至关重要的角色。明度，简而言之，是色彩的亮度或暗度的度量，它影响着色彩的视觉重量和情感表达。在服装配色的世界里，掌握明度的运用，就像是握有一把打开风格之门的钥匙，如图 1-4 所示。

图 1-4　服装配色的明度变化

明度在服装配色中的应用，犹如画家在画布上挥洒的色彩。高明度的色彩，如鲜艳的黄色或亮堂的天蓝，它们如同春日里的阳光，给人带来活力与希望。这类色彩适合用于日常休闲装，能够让人显得更加亲切和有活力。而低明度的色彩，比如深紫或墨黑，则如同夜空中的星辰，散发着神秘与优雅。这些色彩常用于正式场合的着装，给人以沉稳严肃的印象，如图 1-5 所示。

然而，明度的魅力并不止于此。在服装搭配中，明度的对比与和谐同样重要。对比强烈的明度搭配，如黑白配，能够创造出强烈的视觉冲击，展现出现代与大胆的风格。而相近明度的搭配，则能够营造出柔和舒适的视觉效果，适合追求自然风格的人士。这种微妙的平衡，就像是细腻的乐章，需要精心设计才能演奏出和谐的旋律。

此外，明度还能够影响服装的实用性。在炎热的夏季，高明度的服装能够反射更多的阳光，从而为穿着者带来一丝凉意。而在寒冷的冬日，低明度的服装则能更好地吸收热量，为人们提供温暖。这种对自然环境的适应，展现了明度在服装配色中的实用智慧，如图 1-6 所示。

图 1-5　各种明度配色变化

图 1-6　明度影响视觉效果

值得一提的是，不同文化对明度的感知也有所不同。在一些文化中，明亮的色彩代表着喜庆和吉祥，而在另一些文化中，低明度的色彩则被视为尊贵和庄重。这种文化差异，使得明度在国际舞台上的应用变得更加丰富和有趣。

最后，个人对于明度的偏好也是服装配色中不可忽视的一环。有些人天生就对明亮活泼的色彩情有独钟，而有些人则更偏爱低调内敛的色调。这种个性化的选择，让每个人都能够在明度的大千世界中找到属于自己的那一抹色彩。

综上所述，明度在服装配色中的作用不可小觑。它不仅关乎美学的呈现，更是实用性与文化内涵的体现。在这个充满可能性的色彩世界里，了解并运用好明度，将使我们的着装更加生动有趣，更能展现出个人的风采。如同一场精心编排的舞蹈，每一个动作、每一次转身，都充满了意义和美感。让我们在服装配色的舞台上，随着明度的节拍，跳出属于自己的优雅舞姿吧。

1.2.3 服装配色中的纯度

在绚丽多彩的服装世界中，配色不仅仅是一种视觉艺术，更是穿着者个性与品位的直接表达。纯度作为色彩三属性之一，它决定了颜色的饱和度和清晰度，影响着服装的整体效果和穿着者的心情。下面我们将探索服装配色中的纯度，以及如何巧妙地运用它来提升个人魅力，如图 1-7 所示。

图 1-7　服装配色的纯度变化

纯度，简而言之，是指色彩的饱和程度，它是衡量颜色纯净与否的标准。高纯度的色彩鲜艳夺目，能够迅速吸引人们的目光；而低纯度的色彩则显得柔和、内敛，给人以安静和谐的感觉。在服装搭配中，纯度的选择和搭配是一门深奥的艺术，如图 1-8 所示。

图 1-8　服装的低饱和度效果

高纯度色彩的运用，就像是艺术家手中的鲜艳颜料，能够为穿着者带来无限的活力和激情。一件鲜红色的连衣裙，不仅能够提亮肤色，更能展现出穿着者的自信和力量。然而，高纯度的色彩也如同双刃剑，过多或不当的搭配会让人感到视觉疲劳，甚至影响整体的和谐美感。

相反，低纯度的色彩则更加含蓄，它们像是老画家笔下的淡墨，以微妙的层次感和深沉的情感打动人心。一件淡蓝色的裙子，不仅能够展现出穿着者的优雅和从容，还能与多种色彩进行搭配，创造出不同的风格和氛围。低纯度的色彩虽然不如高纯度色彩那样引人注目，但它的温柔和包容性，却能为日常着装带来更多的可能性，如图 1-9 所示。

在服装配色中，纯度的运用需要考虑到场合、季节、个人气质等因素。正式场合下，选择低纯度的色彩更显稳重；而在休闲场合，高纯度的色彩则能让心情更加愉悦。春夏季节，明亮的高纯度色彩与温暖的气候相得益彰；秋冬季节，则更适合低纯度的色彩，以呼应季节的沉稳与内敛，如图 1-10 所示。

图 1-9　不同纯度的蓝色

图 1-10　不同纯度的绿色

此外，个人气质也是配色时不可忽视的因素。活泼开朗的人更适合高纯度的色彩，它能彰显其热情和活力；而内敛沉稳的人，则更适合低纯度的色彩，它能够衬托出其独特的气质和品位。

在服装配色的世界里，纯度就像是调色师手中的魔法棒，它能够创造出无限的可能性。通过巧妙地运用纯度，我们可以在视觉上打造出平衡与和谐，让每一件服装都成为展现个性的舞台。正如艺术大师们所追求的那样，服装配色中的纯度，是追求纯粹之美的一种方式，它让我们的生活更加多姿多彩，也让我们的穿搭成为一种无声的语言，诉说着每个人独有的故事。

1.3 运用色彩搭配原则

在时尚的舞台上，色彩是最直接的语言。它能够表达个性、营造氛围甚至影响情绪。掌握服装配色的技巧，就如同拥有了一把打开风格之门的钥匙。

1. 单色系搭配

利用同一色相的不同深浅色调，打造简洁而高级的单色造型。这种方法易于操作，且能展现色彩渐变的魅力，如图 1-11 所示。

图 1-11　单色系搭配

2. 类似色搭配

选择色轮上邻近的色彩进行搭配，如蓝与绿的组合，营造出自然过渡的视觉效果，给人安静舒适的感觉，如图 1-12 所示。

图 1-12　类似色搭配

3. 对比色搭配

勇于尝试对立而鲜明的色彩组合，比如经典的黑与白，或更具活力的红与绿。高对比度的色彩配合，总能吸引眼球，如图 1-13 所示。

4. 多色搭配

挑选色轮上形成等边多边形的多种颜色，如红、黄、蓝，构建充满活力的多元配色方案，如图 1-14 所示。

图 1-13　对比色搭配

图 1-14　多色搭配

1.4 考虑肤色和场合

1. 肤色调和

选择与个人肤色协调的色彩。浅肤色者宜用明快温暖的颜色，而深肤色者则更适合饱和度高的色彩，如图 1-15 所示。

图 1-15　肤色与服装配色的调和

2. 场合适宜

办公室更适宜低调的色彩搭配，晚宴或派对则可以尝试更加大胆的颜色。衡量场合的正式程度，并以此为指导进行配色，如图 1-16 所示。

图 1-16　适合各种场合的服装配色

1.5 个性化与创新

1. 打破常规

不必拘泥于规则，有时非传统的色彩组合更能彰显个性。比如将传统意义上不相配的颜色放在一起，可能会产生意想不到的效果，如图 1-17 所示。

图 1-17　打破常规的创新配色

2. 流行趋势

融入一些当季流行的色彩元素，可以让穿搭看起来更有时代感。但注意，流行色彩应适量使用，以免过犹不及，如图 1-18 所示。

图 1-18　流行服装

3. 色彩心理学

不同的颜色有着不同的含义和情感影响。红色代表热情与力量，黑色代表庄重肃穆，蓝色传递着宁静与信任。合理运用色彩心理，可以让你的穿搭“说话”，如图 1-19 所示。

图 1-19　服装的色彩变化

1.6 细节决定成败

1. 点缀法则

以小面积的鲜艳色彩作为点缀，例如领带、手袋或鞋子，可以在不破坏整体和谐的前提下，增添亮点，如图 1-20 所示。

2. 纹理与图案

纹理和图案中的色彩也需考量。大图案宜用低调色彩，小花纹则可以采用更为丰富的色彩组合，如图 1-21 所示。

图 1-20　服装的点缀效果

图 1-21　服装的纹理与图案

3. 层次分明

通过色彩的层次分明来构造视觉焦点，引导他人的视线流动，创造立体的穿搭效果，如图 1-22 所示。

图 1-22　服装的层次

服装配色不仅是色彩的堆砌，更是个性与品位的体现。掌握这些配色技巧，你将能够自信地穿梭于各种场合，让每一次出现都成为色彩的盛宴。记住，配色是一门艺术，而你，就是那位大胆创作的艺术家。

第2章 服装款式设计

款式、面料和色彩是构成服装造型的三大要素。在这三者中，款式是形成服装设计核心的要素，它包括整体布局与局部细节两大部分。具体而言，这指的是服装的轮廓形状、内部结构线，以及衣领、袖子、口袋等配件的设计和配置。服装的整体造型主要依靠对轮廓和主体结构线（即立体与平面关系）的精准掌握来实现。轮廓形状影响结构线的设计方案，而结构线则决定轮廓的最终呈现状态。因此，结构线的创意设计成为塑造整体造型的关键。在本章，我们将探讨服装款式设计的基本概念。

2.1 人体的整体结构和比例

这一节我们将学习人体结构的基础知识，让大家对人体先有个概念性的了解。本节分为正常人体比例和艺用人体比例。

2.1.1 正常人体的整体比例

现实生活中，成年人的身高比例通常在 7 到 7.5 头身左右。然而，在艺术创作中，理想的人体比例被认为应达到 8 头身，而英雄形象更是达到了 9 头身。具体来看，一岁时婴儿的身体比例大约是 4 头身，其身体中心位于肚脐附近。到了三岁，身体比例增至大约 5 头身，身体的中心点下移至小腹上方。五岁时，儿童的身体比例增长至大约 6 头身，身体中心进一步下移至小腹下方。十岁之后，身体中心的位置基本稳定，而身体比例则从 7 头身逐渐增长到 8 头身。

这些信息提示我们，在设计卡通人物时，我们可以相对增大头部和上半身的比例，同时减少下半身的比例。相反，在设计英雄或模特类角色时，则应采取相反的策略。

图 2-1 展示了从一岁到成年过程中人体高度比例的变化情况。图中的三条虚线分别代表肩部、身体中心和膝部的位置变化情况。

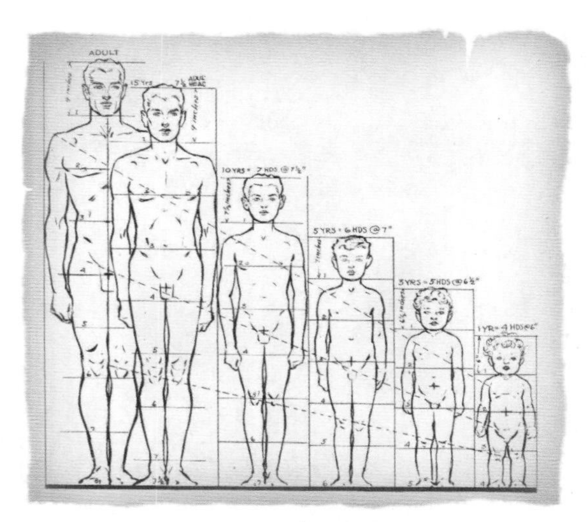

图 2-1　正常人的比例

成年人的肩膀宽度大约为头部的两倍，制作魁梧的角色时可以适当地加宽肩膀。双手下垂时指尖的位置一般在大腿的两侧偏下。

2.1.2　正常人体的骨骼对比

在傍晚时分，当我们沿着直面太阳的道路行走时，若有人从对面走来，我们可能无法清晰地看见其面部特征或衣物细节，然而，通过观察其轮廓，我们往往仍能辨识出对方的性别。这种识别能力源自男性与女性在骨骼结构上的本质差异，这些差异使得男性的身形轮廓通常更为分明，而女性则显得较为柔美。如图 2-2 所示，展示了男性与女性体形的对比，从而可以直观感受到两者在身体轮廓上的区别。

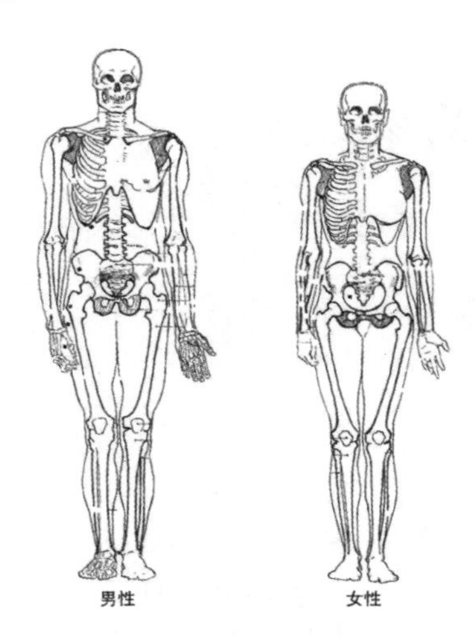

图 2-2　正常人体的骨骼对比

2.1.3　正常人体的肩宽对比

从上图可以观察到，在头部大小相同的情况下，男性的肩宽大约为两个头宽，而女性的肩宽则略小于两个头宽。因此，在绘制女性形象时，肩宽最好控制在两个头宽以内，这样看起来会更自然；而在绘制男性时，应确保肩宽至少为两个头宽，若想表现角色的强壮，可以将肩宽增加到 2.5 个头宽或更宽。

2.1.4　正常人体的胸腔对比

在高度一样的情况下，男性的胸腔宽度和厚度都要大于女性，如图 2-3 所示。

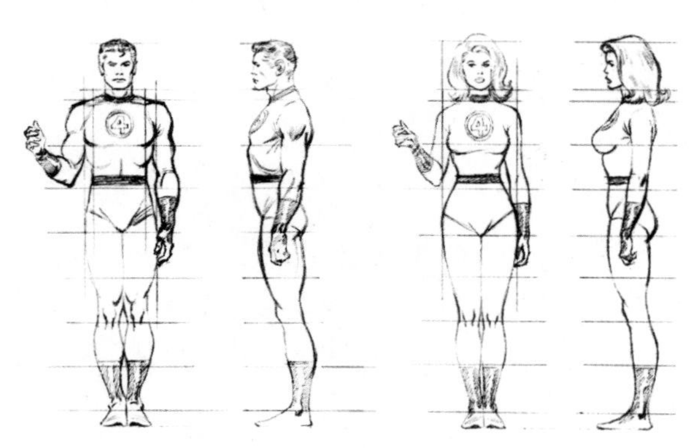

图 2-3　正常人体的胸腔对比

2.1.5　正常人体的骨盆对比

男性骨盆的宽度通常是头部宽度的 1.4 倍左右，略小于胸腔的宽度。而即使相对瘦弱的女性，其骨盆宽度也大约是头部的 1.5 倍，略大于胸腔的宽度。在人物造型设计中，适当增加骨盆的宽度可以强调女性特征，但若过宽，则可能使角色显得臃肿。通常，将骨盆宽度设计为头部的 1.6 倍即可达到较好的效果。

2.1.6　款式设计中的艺用人体比例

艺术中的人体比例通常涉及对人物造型的夸张表现。一般而言，成年男性和女性的比例在艺术作品中常被设定为 8 至 9 头身（相较于现实中的普遍比例偏高偏瘦）。这种处理旨在使人物的姿态显得更加流畅和舒展。如图 2-4 所示，展示了不同年龄段在艺术表现中的人体比例。

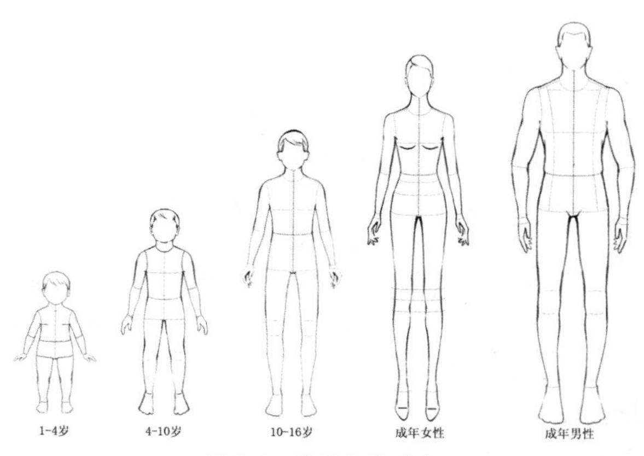

图 2-4　艺用人体对比

2.2 服装款式造型设计

服装廓形与款式设计是服装造型设计的两个重要组成部分。服装廓形指的是服装的外部轮廓形状，也被称为轮廓线。而服装款式设计则关涉到服装的内部结构设计，具体包括服装的领口、袖子、肩膀、门襟等细节部位的造型设计。服装廓形是服装造型设计的本源，作为直观的形象，类似剪影的外部轮廓特征能迅速而强烈地吸引视线，并给人留下深刻的整体印象。同时，服装廓形的变化会限制和影响款式设计的方式。反之，服装款式设计又丰富和支撑着服装的廓形。

2.2.1 款式造型效果

1. S 型结构

这种结构在所有廓形中是最复杂的，其设计需通过具有调整功能的曲线分割来完成。创意的关键在于通过省道转移、省缝变为断缝，以及断缝和褶皱的巧妙组合来呈现。值得注意的是，S 型主体结构的变化通常需要基于人体的曲线来设计，否则服装结构无法与人体形态相契合，从而使 S 型廓形的造型失去意义，如图 2-5 所示。

图 2-5　服装的 S 型结构

2. H 型结构

H 型结构整体上主要以直线为主，其设计创意在于运用中性且稳定的直线分割与省道的结合来实现，同时仍保留了一定的分割曲线特征。需要指出的是，H 型与 A 型、Y 型在整体结构上没有严格的界限，O 型也是如此。原因在于它们的主体结构都基于直线，只是根据立体外形的不同，在结构设计（纸样）中强调的部位有所区别，如图 2-6 所示。

3. A 型和 Y 型结构

A 型设计的特点是下摆宽大而肩胸部分合身；Y 型则是肩胸部分宽松而下摆收紧。在整体结构上，这两种设计采用了相反的斜线剪裁方法。A 型的创意在于利用面料的灵活性和悬垂性，使宽大的下摆呈现出自然流动的效果。而 Y 型的创意则侧重于利用面料的张力和硬挺度，结合宽肩窄摆的结构设计，营造出刚性（偏男性）的视觉效果。因此，Y 型设计并不适合采用柔软的材质，如图 2-7 所示。

图 2-6　服装的 H 型结构

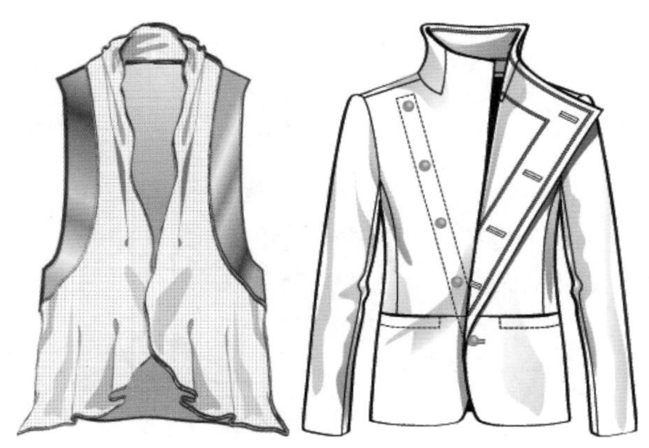

图 2-7　服装的 A 型和 Y 型结构

4. X 型和 O 型结构

X 型设计基本上是在 S 型结构的基础上，通过夸张肩部和下摆来实现的。其造型重点基本上是 S 型与 A 型结合的产物。而 O 型可以被视为是在 H 型结构的基础上，通过收边工艺来实现 O 型的立体效果。收边部位主要是袖口和衣摆，因此，O 型的衣长受到限制，一般以短上衣、夹克为主，最长不超过中长上衣的长度。O 型的造型焦点基本上集合了所有宽松结构的特点，如图 2-8 所示。

图 2-8　服装的 X 型和 O 型结构

2.2.2 服装款式设计的步骤

1. 整体设计

确定服装的整体造型，主要反映在整体的廓形和主体结构线的关系上，即整体创意。

2. 局部设计

根据服装整体造型要求，进行局部造型设计，即局部造型符号的创意，包括领袖、袋等。

3. 细节设计

根据服装整体和局部造型要求，设计出最小局部的造型，仍为局部造型符号的创意，包括省、褶、扣、袢等。

2.3 服装款式细节设计

服装款式的细节包括领子、袖子、口袋等。

2.3.1 领子的设计

领子的设计分为领圈设计和领型设计。领圈，也称为领线或无领，英文中称为“neckline”，通常指衣服上供头部穿过的洞的形状，不包括领座和领面。而领型，英文为“collar”，一般由领圈、领座和领面三个元素组合而成，如图 2-9 所示。

图 2-9 领子结构

1. 立领

立领是一种围绕颈部的领型，其结构相对简单，展现出端庄、典雅的东方魅力。在传统中式服装，如旗袍和学生装中，立领的应用尤为广泛。而在现代服装设计中，立领的造型已经超越了传统样式，不断创新，呈现出新颖且流行的设计，如图 2-10 所示。

2. 翻领

翻领是一种将领面向外翻折的领型。根据其结构特征，可分为单翻领和连座翻领；而根据领面的翻折形态，可分为小翻领和大翻领。翻领的变化较为丰富，如衬衣领、中山装、茄克衫、运动衫等，如图 2-11 所示。

3. 翻驳领

翻驳领是一种将领面与驳头一同向外翻折的领型，例如西服领、青果领等。翻驳领的领面通常比其他领型更大，线条明快流畅，在视觉上常起到扩胸、阔肩的效果，给人以大方、庄重的感觉，如图 2-12 所示。

图 2-10　立领设计

图 2-11　翻领设计

图 2-12　翻驳领设计

2.3.2　袖子的设计

袖子的设计包括袖窿、袖身和袖口的处理，由此变化出两种主要设计形式：无袖和袖子。

1. 无袖设计

无袖，也称为袖窿，英文“arm-hole”，一般指衣服上供手臂穿过的洞的形状，不包括袖片和袖克夫（cuff）。因此，无袖的设计实际上只是袖窿线的设计。

2. 袖子设计

（1）装袖

根据人体肩部及手臂的结构进行分割造型，将肩袖部分分为袖窿和袖山两部分，然后装接缝合而成，如图 2-13 所示。

图 2-13　袖子

（2）插肩袖

插肩袖的袖子与肩部相连，由于袖窿开得较长，有时甚至开到领线处，因此整个肩部即被袖子覆盖，如图 2-14 所示。

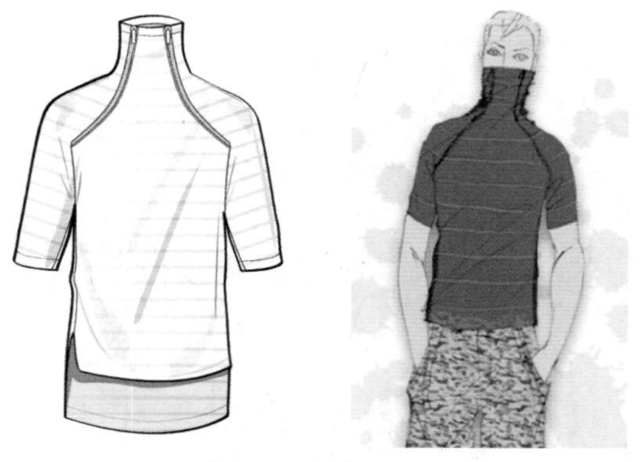

图 2-14　插肩袖

（3）连袖

连袖又称中式袖、和服袖，这是衣袖一体，呈平面形态的袖型。由于不存在生硬的结构线，因此能保持上衣良好的平整效果，如图 2-15 所示。

衣袖位于人体活动量最大的上肢部分，同时也对上衣的外形有显著影响。因此，在袖型设计中应注意以下几点：

袖型设计应满足服装的功能需求，其造型应根据服装的机能来确定，例如西装袖可以更为合体，而休闲装的袖子则宜稍微宽松。

袖身的造型应与衣身保持协调。

通过袖子的设计变化来增强服装整体的视觉效果。袖子不仅需要与衣身协调，还应与领子的设计相配合，以实现整体设计的高度统一与和谐。

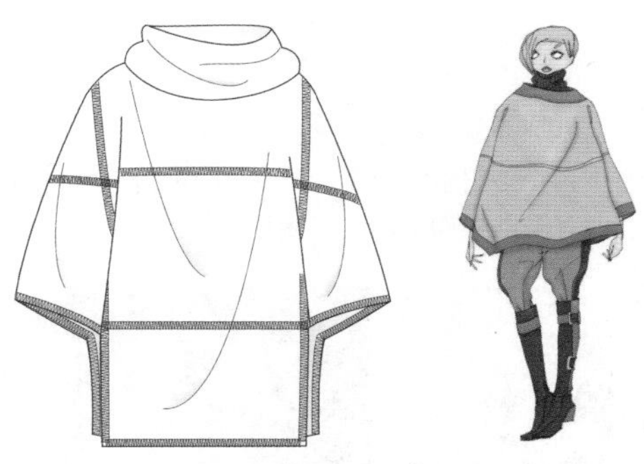

图 2-15　连袖

2.3.3　口袋的设计

贴袋：这是一种直接缝贴在衣片表面的袋子，特点在于制作简单且样式多变，通常采用明线缝制。

挖袋：挖袋的袋口开在衣片表面，而袋身藏在衣身内部，可设计有袋唇（或袋线），也可用袋盖进行掩饰。

插袋，也称缝内袋，是在服装拼接缝间留出的口袋，一般比较隐蔽、实用功能较强。在设计口袋时，务必注意其与整体之间的大小、比例、形状、位置及风格上的协调统一。

2.4 服装款式设计中的审美原则

服装款式设计中的审美原则包括平衡、比例、节奏、韵律和反复等。

2.4.1　平衡

平衡，又称均衡，是指两边等质等量形成的比例，给人带来一种平衡感。在服装设计中，更注重的是视觉效果上的平衡，即整体或部分通过量感和动感产生稳定的形式。平衡主要分为两种概念：对称平衡与不对称平衡。不对称平衡以廓形、色彩或装饰的不对称为特征，能迅速吸引人们的注意力，相比前者显得更为随意和多变，如图 2-16 所示。

不对称　　对称

图 2-16　服装的平衡设计

2.4.2 比例

比例是指设计中不同部位大小的相互配比关系。例如，上衣与下装的面积比；连衣裙腰线上下的长度比；肩宽与衣摆宽度的比；色彩、材质、装饰的分配面积比；以及服装各部位所占体积的比等。黄金比例是设计中常用的一种配比，如图 2-17 所示。

图 2-17 服装的比例设计

2.4.3 节奏和韵律

韵律，也称为节奏或旋律，是指线条、色彩、装饰等元素有规律地重复出现的美学原则。它分为反复、阶层、流线、放射等四种类别，表现形式包括连续、渐变、交错、起伏等。强调是一种突出重点、画龙点睛的美学法则。

1. 强调线条

常用裙服加褶，用装饰缝等来强调线条，如图 2-18 所示。

图 2-18 强调线条

2. 强调色彩

如白色风衣配以红色线条、白色裙装配以大色块装饰等，如图 2-19 所示。

3. 强调材料

如毛皮外套，以令人舒适的色彩进一步表现面料的质感，透明高科技面料的服装等，如图 2-20 所示。

图 2-19　强调色彩

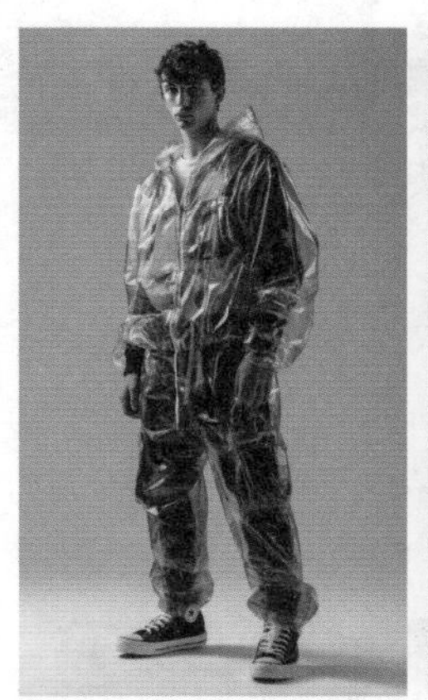

图 2-20　强调材料

4. 强调工艺

如高档裙装的蕾丝刺绣，上衣内附衬里并加挺胸衬、下节衬、垫肩等，这在高级成衣和高级定制服中表现得非常突出，如图 2-21 所示。

图 2-21　强调工艺

5. 强调装饰

如在服装上印字、绘画、花边、袖襻和肩襻等。强调装饰应因衣因人而异，切忌多中心而使重点分散，如图 2-22 所示。

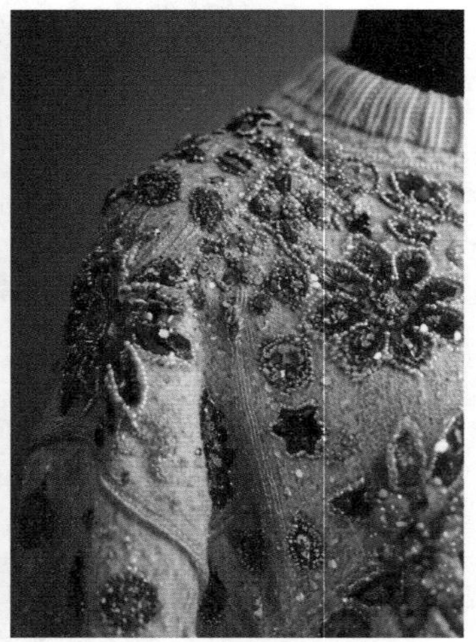

图 2-22　强调装饰

2.4.4 反复

要真正掌握这些原理，关键在于在日常生活中进行美感训练，不断提高欣赏水平，增强对美的判断能力。否则，设计能力永远无法成熟，作品也不可能具有感染力，更不用说有什么创意了，如图 2-23 所示。

图 2-23　服装的美感表现

第3章
色彩的基本特征

3.1 色彩表现本质

色彩的色相、明度和纯度都是人在观察色彩时的视觉心理量，它们代表了人们的主观色彩感觉。这三个属性在某种意义上是相互独立的，但不能单独存在；它们之间的变化是相互联系、相互影响的。其中，色相和纯度又被称为色度，彩色物体既有色度又有明度。

3.1.1 三原色与加减色混合

1. 加色混合

色光混合会增强亮度，混合的色光越多，混合色的明度越亮，由于混合色的光亮度等于相混合光亮度之和，因此也被称为“加色混合”，如图 3-1 所示。

朱红 + 翠绿 = 黄色光

翠绿 + 蓝紫 = 蓝绿光

蓝紫 + 朱红 = 紫红光

红光 + 绿光 + 黄光 = 白光

2. 减色混合

在色料混合中，参与混合的颜色越多，其明度越低，纯度也会下降，因此这种现象被称为“减色混合”。三原色的混合可以产生所需的各种色彩，而这三原色本身无法通过混合其他颜色来获得。值得注意的是，颜色三原色与色光三原色的混合原理是相反的，如图 3-2 所示。

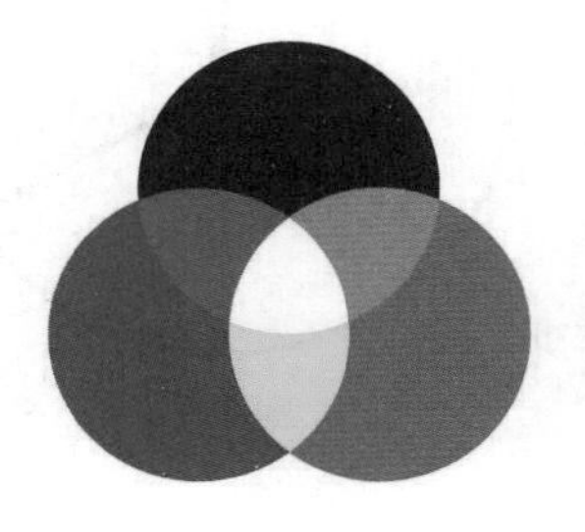

图 3-1　加色混合

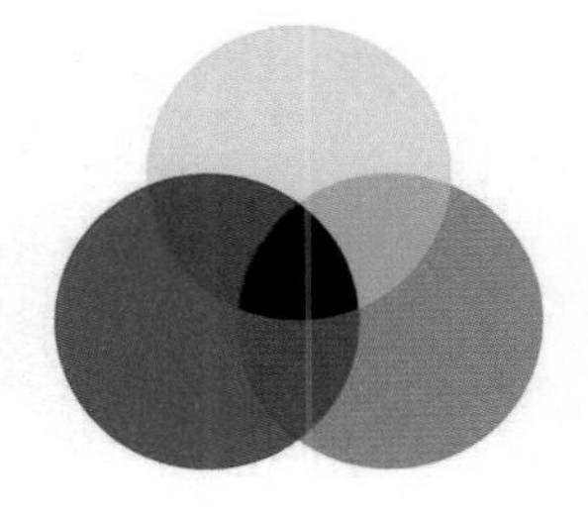

图 3-2　减色混合

3. 中性混合

视觉色彩混合不是变化色光或颜色本色，而是在色彩进入视觉之后，基于人的视觉生理原因产生的色彩混合。混合后的色彩效果类似于它们的中间色，亮度既不增加也不减少，因此也被称为“中性混合”，如图 3-3 ～图 3-5 所示。

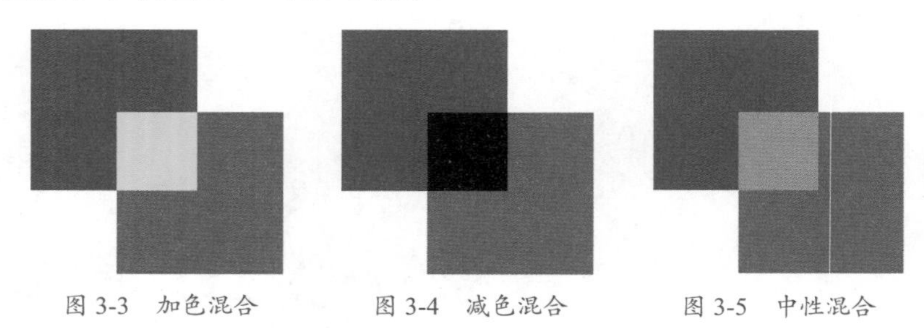

图 3-3　加色混合　　图 3-4　减色混合　　图 3-5　中性混合

4. 加色混合、减色混合与中性混合三者间的关系

加色混合色的光亮度等于相混合光亮度之和。减色混合中，混合的色越多、明度越低，纯度也会下降。中性混合后的色彩类似于它们的中间色，亮度既不增加，也不降低。

不同的色彩混合方法呈现的视觉效果完全不一样，在平面构成中的表现也是不一样的。

3.1.2　色彩的对比

一般来说，色彩并不孤立存在。当两种或多种颜色并置在一起时，色与色之间会通过比较显现出差异，如明暗、鲜灰等。在视场中，相邻区域不同色彩的相互影响所呈现出的色彩差别现象称为色彩对比。在平面设计中，只有通过色彩对比才能产生不同的美感视觉效果。色彩对比分为同时对比和连续对比两种情况。

对同一画面中并置的两个或两个以上的颜色进行比较被称为“同时对比”。“同时对比”最显著的特征是，并置的双方都会把对方推向自己的补色；在相同色相中，置于补色背景中的色彩看起来更鲜艳。

而在不同的画面或不同的地点，需要间隔一段时间才能先后看到的两种颜色产生的色彩比较称为“连续对比”。

1. 色相对比

由色相差别形成的色彩对比现象，称为色相对比，如图 3-6 所示。

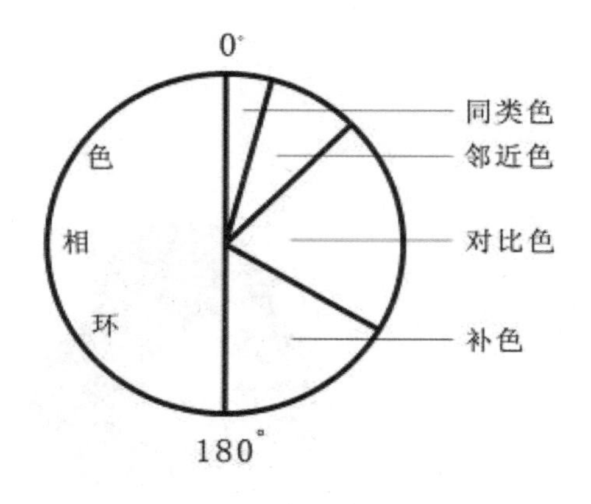

图 3-6　色相对比

2. 同类色对比

最简单的色彩组合是单色性的色彩组合方式，即整个画面只使用单一色调的配色方法，这种效果在自然界中随处可见。同类色对比的画面容易和谐统一，具有单纯、柔和、高雅、文静、朴实、稳重等视觉效果，是一种优雅的配色，如图 3-7 所示。

图 3-7　同类色对比

3. 邻近色对比

邻近色的对比也称为近似色或类似色的对比，是指对比两色的相隔距离在色相环上所处角度为 45° 时的对比。这种对比的色彩在色环上常处于相互毗邻的状态，所以两色既有差异，又有联系。邻近色对比较活泼而且较单纯、柔和，在整体上形成了有变化又很统一的色彩魅力，具有丰富的情感表现力，是实际运用中最容易搭配、最能出效果的色彩对比类型，如图 3-8 所示。

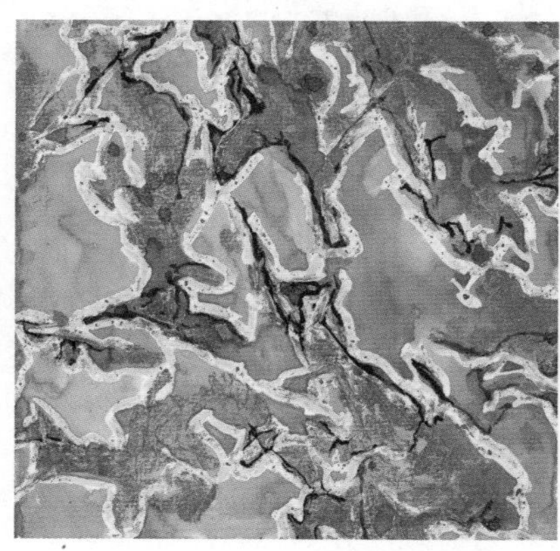

图 3-8　邻近色对比

4. 对比色对比

对比色对比是指色环上所处角度为 120° ～ 150° 的色彩间的对比。它们的对比关系相对于补色对比略显柔和，同时又不失色彩的明快和亮丽。对比色组合具有一种强烈的冲突感，并能产生一种色彩移动的感觉。例如，在大自然中经常可以看到橙色的果实与绿色的树木、紫色的花与绿色的叶，它们的色彩搭配都具有既明快又自然的视觉效果，如图 3-9 所示。

5. 补色对比

补色对比是指色环上处于 180° 相对位置的补色之间的对比。这两种色彩的距离最远，是色彩对比的极限，对比效果最为强烈，如图 3-10 所示。例如，当红色与绿色并置时，红色会显得更红，绿色会显得更绿，因此对比效果十分强烈、鲜明；另一方面，由于生理综合的原因，这两色又会主动混合而呈现一种近似于黑色的深灰色。

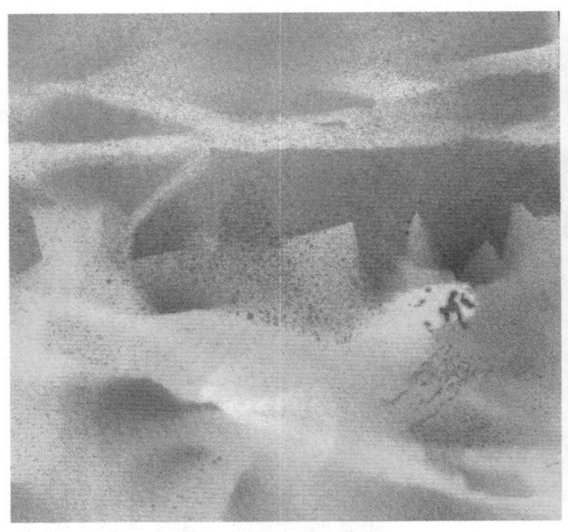

图 3-9　对比色对比

图 3-10　补色对比

6. 明度对比

色彩的明度对比以色立体的明度色级表为参照，分为三种对比关系：明度差在 3 个等级差之内的为明度弱对比；在 3 ～ 5 个等级差之内的为明度中等对比；在 5 个等级差以上的为明度强对比，如图 3-11 所示。

7. 纯度对比

我们将不同纯度的色彩并置，使鲜色更鲜、浊色更浊的对比方法称为纯度对比，如图 3-12 ～图 3-15 所示。

8. 色彩对比与面积、形状、位置、空间的关系

在同一视场中的两种或两种以上颜色共存，各色在画面中所占面积、形状、位置、空间不同会显示出色量的差别关系，从而体现出色彩的对比效果，如图 3-16 所示。

图 3-11　明度对比

图 3-12　鲜强对比

图 3-13　鲜弱对比

图 3-14　中强对比

图 3-15　浊弱对比

图 3-16　色彩的对比效果

两种或两种以上的颜色同在一幅画面中时，它们之间必定存在面积比例的关系。当这些面积比例发生改变时，同时也会带来相应的色相、明度和纯度的变化。色彩学家基于颜色与面积关系的变化进行了许多实验，结果表明：色彩面积越大，越能充分表现其明度和纯度的真实面貌；面积越小，则越容易在视觉上形成辨别异常，如图 3-17 所示。

色彩的面积同其形状和位置是同时出现的，因此，色彩的面积、形状、位置在色彩对比中，都是具有较大影响的因素。

在面积对比中，当两种颜色的面积相等时，色彩对比强烈；随着一方面积的增大，另一方的视觉力量相应削弱，整体的色彩对比效果也相应减弱；当一方的面积扩大到足以控制整个画面的色调时，另一方的色彩就成为这一主色调的点缀，如图 3-18 所示。

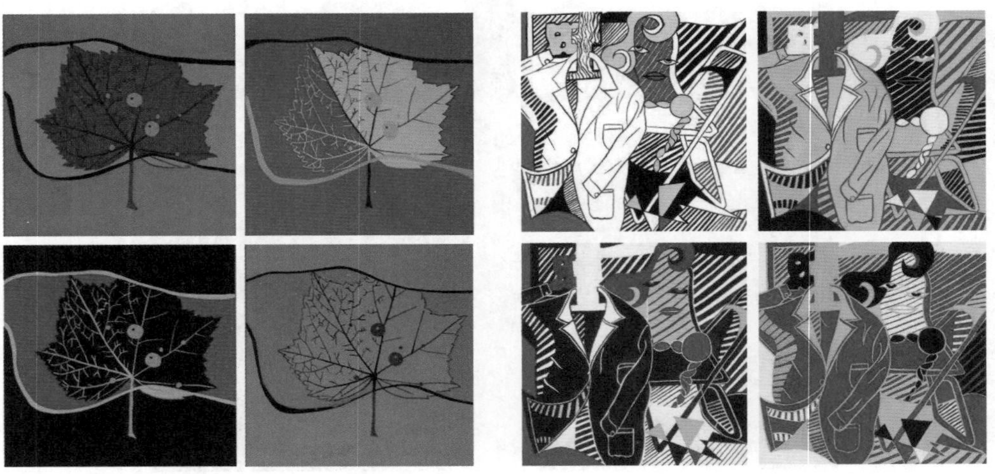

图 3-17　两种或两种以上的颜色对比　　　　图 3-18　面积对比

3.1.3　色彩的调和

色彩调和是指两种或多种颜色统一而协调地组合在一起，能使人产生愉悦感并能满足人的视觉需求与心理平衡的色彩搭配关系。如果说色彩的对比是寻求色与色之间的差别，那么色彩的调和则是为了达到色与色之间的关联，追求在多样性中实现统一。

1. 同一调和

在明度、色相、纯度这三种属性中，若有一种要素完全相同，而其他要素发生变化，这种调和被称为单性同一调和；若在这三种属性中有两种相同，则称其为双性同一调和，如图 3-19 所示。

2. 近似调和

在明度、色相、纯度中有某种要素近似、变化其他要素，被称为近似调和，如图 3-20 所示。

图 3-19　双性同一调和　　　　图 3-20　近似调和

3.2 以色相为依据的配色方案

色调配色实际上几乎涵盖了所有的配色方式，而在“同一”“类似”与“对比”的配色三要领上，纯粹以“纯色”为主的“色相”配色也可以按照这种方法搭配不同的色彩。

所谓“单一”或“同一”色相的配色，即指将相同的颜色搭配在一起的配色方法。例如，一个人穿着红色的旗袍、佩戴红色的耳环、脚踏红色的高跟鞋、手腕上戴着红色的手镯、手中拿着红色的手表，这种搭配就是“单一色相配色法”。同样，蓝色运动衫配上蓝色的球鞋、球袜、球帽等也属于单一色相的配色方法，如图 3-21 所示。

第二种配色法称为“类似色相配色法”，即指将色环中相似或相邻的两个或两个以上的颜色搭配在一起的方法。例如，黄色、橙黄色、橙色的组合，或紫色、紫红色的组合等都是类似色配色。它们的特性极其相似，但又有细微差异，与单一色相的“单一”完全不同。类似色相的配色在大自然中也可以发现，比如春天树丛中的绿叶，有嫩绿、净绿、鲜绿、黄绿、墨绿，以及铭黄色等，这些都是类似色相的自然造化。而秋天的景象更接近于这种实际情况，像橙色、橙黄、橙红、褐黄、黄色等的叶丛，远看像织布机上的织锦，展现出一种华丽的美感，如图 3-22 所示。

图 3-21　单一色的配色

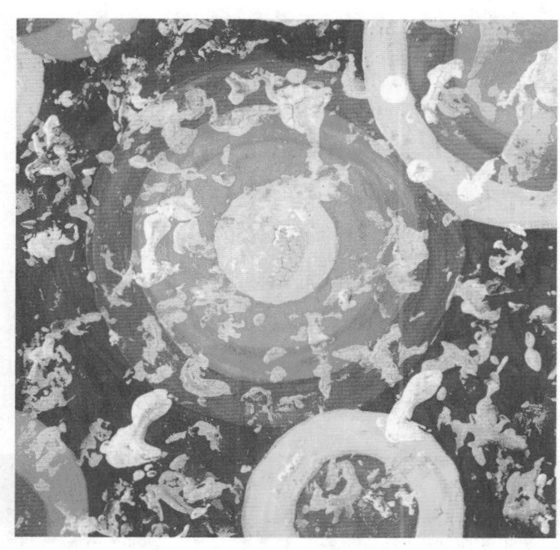

图 3-22　类似色相配色

第三种配色法称为“对比色相配色法”，是指在色环中，通过色环圆心的直径两端或较远位置的色彩进行搭配的配色方法。

对比色相是差异最大的两色组合，最常见的有红绿、蓝橙、黄紫等。它的对比性最强，在广告宣传制作中的应用最为普遍。欧美艺术家最常用补色对比来制作画面，现在的商标图案设计中也大量使用补色效果，如图 3-23 所示。

在色环中，位于正三角形顶端的各色，即红、黄、蓝以及紫、绿、橙，共有三对色的三个色相。

荷兰画家蒙德里安正是利用色料三原色中的红、黄、蓝构建了优美的抽象画作，如图 3-24 所示。

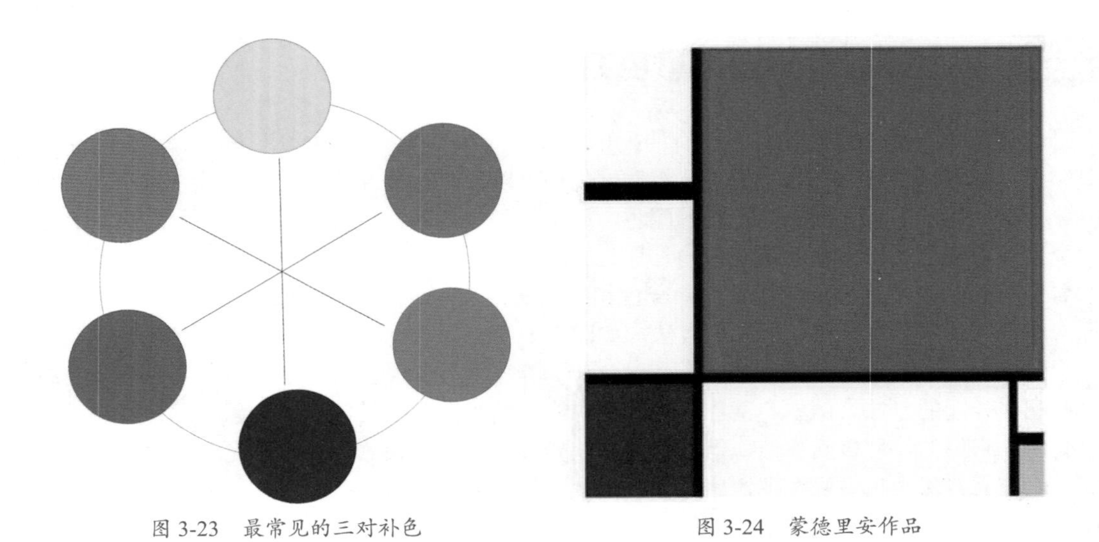

图 3-23　最常见的三对补色

图 3-24　蒙德里安作品

3.3 以明度为依据的配色方案

明度的对比差异将明度分为高明度、中明度及低明度三阶，而其配色方式包括高明度配高明度、高明度配中明度、高明度配低明度、中明度配中明度、中明度配低明度及低明度配低明度等六种。其中高明度配高明度、中明度配中明度及低明度配低明度都属于“同一明度”配色法，其重点是将同一明度的色彩聚集在一起，以造成调和的感觉。高明度配高明度的配色给人一种轻而淡、浮动而飘逸的感觉，这种配色常用于女性化妆品及有柔性要求的产品设计上。低明度配低明度则显得深重幽暗，更偏向于男性化的性格特征。

高明度配低明度的结果，其明度差异性最大，如黄配黑。交通标志及放射线、毒药及危险区的色彩标志都使用这种配色，目的在于使人清楚分辨图示内容，避免混淆含糊，以防止意外发生。可对照图 3-25 所示的各种配色进行比较。

图 3-25　不同明度配色比较

在所有配色中，只有黄配黑和白配黑的“明视度”最高。

中明度的色彩若与高明度的色彩组合，则其整体感觉会因“群化”作用而偏向明亮感；而中明度的色彩若与低明度的色彩组合，则整体感觉也会倾向于低明度的特性。色彩明度上的“群化”作用在无色彩和有色彩上都同样有效。

3.4 以纯度为依据的配色方案

纯度的变化，在色立体中分为高纯度、中纯度及低纯度三种横向的变化，其配色分为高纯配高纯、中纯配中纯、低纯配低纯、高纯配中纯、高纯配低纯等六种。其中前三者的配色属于

“同一纯度”配色，而高纯配中纯及中纯配低纯则属于“类似纯度”的配色法。高低不同的纯度搭配，其意象鲜明，清晰可辨。

3.5 以色调为依据的配色方案

通常配色有三种方法，其一为“同一色调”配色，其二为“类似色调”配色，其三为“对比色调”配色。

所谓“同一色调”配色，即指将相同的色调搭配在一起，于是便形成了“同一”或“统一”调和因子的色调群。例如，将活泼的色调，即纯色调放在一起时便产生“同一种活泼感”。此种色调之所以调和，是因为其中的每一个颜色都具有“活泼的”或“纯粹色”的“共同”特性，因此是调和的“同一色调”配色。中国传统配色中这种例子最多，如民间美术中的剪纸（图 3-26）、版画、景泰蓝、戏剧服饰、庙宇建筑涂饰等，多半以纯色调搭配，采用的是“纯色的统一色调搭配法”。

图 3-26　剪纸的色调搭配

所谓“类似色调”配色，即以色调配置图中相邻或相近的两个或两个以上色调搭配在一起的配色。类似色调的特点在于它们之间存在着微妙的差异，相比于单一色调，它们呈现出更多的变化，不易产生呆滞之感，且有一种相似的调和感。譬如，淡绿色、淡蓝色、淡黄色、淡紫色等组合在一起，便产生一种“浑然”的浅淡之感，因此容易调和。

而第三种“对比色调”配色，即指相隔较远的两个或两个以上的色调搭配在一起的配色。对比色调因为色彩的特性的极端差异，造成鲜明的视觉对比，有一种“相映”或“相拒”的力量使之平衡，因而产生“对比调和”之感。

在使用对比色调配色法时，应注意色调的面积比例。换句话说，不同色调会因不同的时间、地点、对象而产生不同的大小空间的视觉印象。恰当地选用对比的色调，才不致因对比的差异产生不安感。

3.6 以自然色为依据的配色方案

许多色彩艺术家长期致力于研究大自然，探索自然色彩美的规律。

从江河湖海到田园山川，从晨午暮夜到春夏秋冬，从风霜雨雪到冰雾雹露，从飞禽走兽到鱼贝昆虫，从宏观宇宙到微观原子……浩瀚的大自然五光十色、变幻无穷。色彩设计师深入大自然，从取之不尽、用之不竭的大自然中捕捉灵感，开拓新的色彩思路。

自然色彩是如何进行分解提炼的呢？一种是用目测的方法，先分解自然景物色彩的总倾向，然后把它们归纳为最主要的几个颜色，同时测出各色的比例和位置。另一种是把自然景物拍成图片，用目测归纳提炼几个主要颜色，绘制成具有比例和组合关系的色标，如图 3-27 和图 3-28 所示。无穷无尽的大自然色彩给设计带来新的灵感，新的色彩灵感又必将配出更新更美的图案。

图 3-27　自然色采集

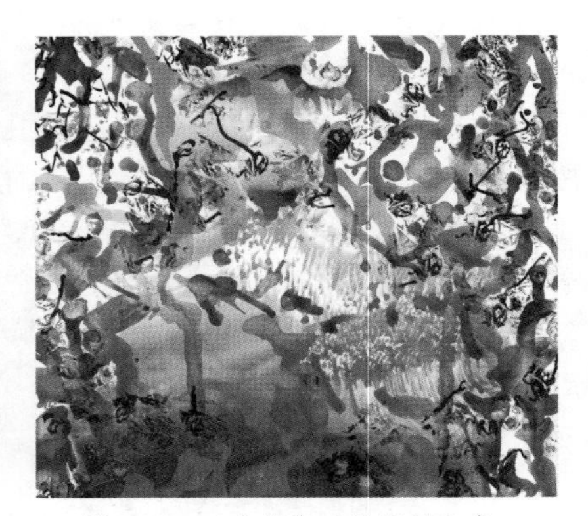
图 3-28　以自然色为依据的配色

3.7 以绘画为依据的配色方案

中华民族的优秀文化遗产中有许多色彩装饰作品是我们学习的典范，同样国外的绘画艺术和装饰艺术也有许多值得我们学习和借鉴之处。从古典色彩到印象派色彩，从蒙德里安的冷抽象到康定斯基的热抽象……如果我们深入地研究他们的配色规律，必定会丰富我们的配色方法和手段。

19 世纪以来的印象派画家们开始对光与色彩进行研究，他们强调色调本身的表现价值，如梵高充满生命力的黄色调（图 3-29 和图 3-30），高更的互补色彩（图 3-31 和图 3-32），马蒂斯的抒情色彩，康定斯基的热抽象艺术，蒙德里安的冷抽象艺术等，他们都巧妙地借助色彩传达了各种不同的精神境界。

图 3-29　梵高作品

图 3-30　以梵高绘画作品为依据的配色

图 3-31　高更作品

图 3-32　以高更绘画作品为依据的配色

3.8 配色的采集和重构

色彩的采集是寻找源泉，寻找美妙的色彩搭配，重构是将采集的色彩再利用、再创造的过程。也就是将自然界的色彩通过人工组织过的色彩进行分析、采集、归纳、重组的过程。一方面是分析色彩组成的色性和构成形式，保持原来的主要色彩关系与色块面积比例关系，保持主色调主意象的精神特征以及色彩气氛与整体的风格；另一方面是打散原来色彩形象的组织结构，在重新组织色彩形象时，注入自己的表现意念，构成新的形象、新的色彩形式。

色彩的采集与重构是艺术加工提炼的重要方法，是对原有色彩的创新，体现出人对色彩的追求，反映出现代色彩审美意识和意念。

3.8.1　采集色彩

1. 对自然色的采集

大自然有着丰富多彩、变幻无穷、迷人的色彩，是我们取之不尽、用之不竭的宝库。从晨午暮夜到春夏秋冬的交替，从江河湖海到田园山川，从飞禽走兽到花鸟鱼虫……浩瀚的大自然向我们展示着丰实、迷人、令人感动的色彩。我们从大自然的宝库中捕捉艺术的灵感，吸收更多的养分，寻找新的色彩思路，如图 3-33 所示。

图 3-33　对自然色的采集

2. 对传统艺术色彩的采集

悠久的人类文明创造了灿烂的艺术和文化，从新石器时代的彩陶到后来的青铜器、漆器、石窟艺术、唐三彩、陶俑、丝绸等。这些文化瑰宝都有着自己典型的艺术风格，以独特的色彩风格启迪着人们的心灵，如图 3-34 所示。

图 3-34　对传统艺术色彩的采集

3. 对民间色彩的采集

由于各民族的生活方式、风俗习惯、自然环境等不同，所形成的色彩艺术风格和审美都有差异。版画、年画、剪纸、皮影、布玩具、刺绣等民间作品，多用红、绿、蓝、紫、黄、青、桃红、黑、白等色，色彩鲜明，装饰性强。这些作品都流露着浓厚、淳朴的乡土气息，寄托着真实朴素的感情，如图 3-35 所示。

图 3-35　对民间色彩的采集

4. 对相关色彩艺术的采集

视觉艺术是可以相互感染、相互影响的。我国优秀的文化遗产中有我们学习的典范，国外的绘画艺术和装饰艺术也有许多值得我们学习和借鉴的地方。从这些有个性魅力的丰富色彩中，我们深入地分析研究它们的配色规律，必定会丰富我们的配色方法和手段，并激发学习色彩的灵感。

5. 对图片色的采集

图片色是指各类色彩印刷品上的摄影色彩与设计色彩。图片内容包括繁华的都市夜景、平静的湖水、红花绿叶、现代建筑物、历史悠久的古城墙、古村庄等。图片的内容可以囊括世界上一切美好的景象，不管它的形式内容怎样，只要色彩漂亮，就值得我们借鉴，作为我们的采集对象，如图 3-36 所示。

图 3-36　对图片色的采集

3.8.2　采集色的重构

重构是将原来物象中的美，以及新鲜的色彩元素注入到新的组织结构中，使之产生新的色彩形象。

1. 整体色按比例重构

整体色按比例重构就是将色彩对象完整地采集下来，按照原来色彩的比例以及色彩面积的比例，作出相应的色标，按比例运用在新的画面之中。特点是主色点不变，原物象的整体风格不变。

2. 整体色不按比例重构

整体色不按比例重构就是将色彩对象完整地采集下来，选择典型的、有代表性的色彩，不按比例重构。这种重构的特点是既有原来物象的色彩感觉，又有一种新鲜的感觉。由于比例不受限制，可将不同面积大小的代表色作为主色调。

3. 部分色的重构

部分色的重构就是从采集后的色标中选择需要的色彩进行重构，可以选某个局部色调，也可抽取部分色彩。其特点是更简约、概括，既有原来物象的影子，又更加自由、灵活。

4. 形、色同时重构

形、色同时重构就是根据采集对象的形、色特征，经过对形的概括、抽象的构成，在画面中重新组织的构成形式。这种方法效果较好，更能突出整体特征。

5. 色彩情调的重构

色彩情调的重构意味着根据原始对象的色彩情感和风格进行“神似”的再创造，重新组织后的色彩关系和原物象非常接近，尽量保持原色彩的意境。这种方法需要作者对色彩有深刻的理解和认识，才能使重构后的色彩更具感染力。

第4章 服装配色心理学

4.1 配色心理学理论

任何色彩都是在一定的环境中被人们感觉到的，一旦环境改变，许多心理作用如颜色分辨力、色相、饱和度、明度等都会改变。色彩心理学研究的就是在一定的环境变化中色彩的感觉变化。平面设计的配色也是这种感觉变化的体现。

色彩的力量可以作用于人的心理，人类从古希腊时代就开始追求色彩这种力量。歌德和弗洛伊德曾建立了色彩心理的理论体系。到了现代，因为脑生理学和生命工程学的发展，色彩与生理的关系研究从另外一个切入点有了突破。我们开始认识到，色彩对人类生理起作用的同时，对人类的心理也有很大影响。如果说弗洛伊德的精神分析是从外部观察，那么脑生理学就是从内部的观察。其结果是让配色更准确地给观者以影响成为可能。色彩的研究从感性进入了科学性的时代。

色彩心理产生的起因大部分是因为色彩是电磁波。过去，人们并不知道色彩作为电磁波与人体内的激素到底有怎样的关系。色彩心理方面的研究主要停留在表层的分析中，所以无论分析得多么到位，都只不过是推测而已。

的确，人的心理会受到自身的经历以及环境的影响。但是与自律神经相作用的色彩的电磁波却是不管对谁来说都是基础之所在，经历等自身性因素都是在此基础上附加的。

色彩相关的心理分析，也有必要基于电磁波携带的信息来进行。由此我们才能知道人的心理是如何与色彩结合的。进行设计的时候，我们并不是以特定的个人为对象考虑的，而是要从战略的角度对色彩进行规划，从而达到给人的心理以冲击的目的。所以利用电磁波提供给我们的数据来操作才是万无一失的，这也是色彩到底要给人以何种感受的问题。

色彩在人的心理方面的作用，包括色彩给人心理的影响，以及人心中的色彩（意识与色彩）两方面。前者具有普遍意义，而后者就是个体对待色彩的心理。

人对色彩会有自己的好恶。人总是会关注自己喜欢的颜色，并且对这种颜色抱有一种特殊的感情。同时自己喜欢的颜色可以给自己带来安全感，让人恢复自我。

当我们看到不同的颜色时，心理会受到不同颜色的影响而发生变化。色彩本身是没有灵魂的，它只是一种物理现象。我们长期生活在一个色彩的世界里，积累了许多视觉经验，一旦知觉经验与外来色彩刺激发生一定的呼应，就会在人的心理上引出某种情绪，如图 4-1 所示。

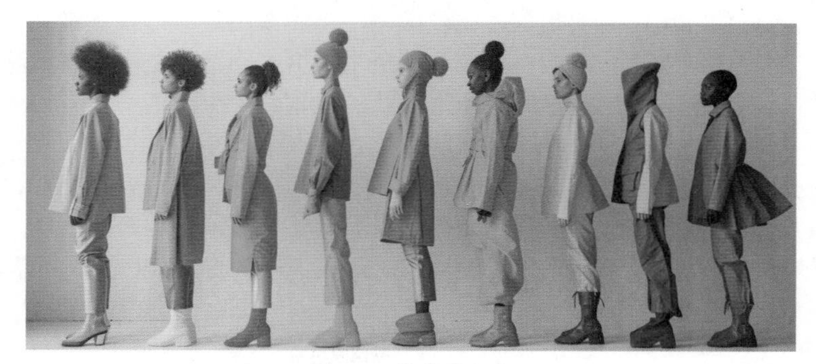

图 4-1 服装的配色

4.2 配色视知觉

色彩是大自然中最神奇的现象，它无时无刻不出现在我们的生活中，与我们息息相关，形成一个“奇妙的世界”。不管人们是否对其感兴趣，色彩都会影响人们的生理与心理活动。人们常常感受到色彩对自己心理的影响，这些影响总是在不知不觉中发生作用，左右我们的情绪。色彩的心理效应发生在不同层次中，有些属于直接的刺激，有些则要通过直接的联想，而更高层次的则涉及人的观念与信仰。

4.2.1 光与眼睛

色彩成为可视信息的一个条件是人的眼睛，它是一个生理上的前提条件。只有光、物体、人眼三个条件都具备，人才能准确完整地感受色彩，如图 4-2 所示。

图 4-2 色彩的不同感受

人的眼睛由角膜、虹膜、玻璃体等部分组成。角膜约占整个眼球壁面积的六分之一，透明而有弹性，具有透光性，光线经角膜折射后进入眼内。虹膜中央有一个圆孔叫作瞳孔，虹膜内的肌肉可以调节瞳孔的放大与缩小。睫状体位于虹膜后面，由睫状肌支配，起调节晶状体的作用。视网膜在眼球的最里面，其中含有大量的感光细胞，即锥体细胞与杆体细胞。锥体细胞对色彩比较敏感，而杆体细胞则对明暗反应比较敏感，当光线不足时，杆体细胞就会起作用。视网膜上有一密集的锥体细胞区域，叫作黄斑，黄斑中央有一小凹，是视觉最敏感的地方。黄斑位于瞳孔视轴所投射之处，因而位于对色彩最敏感的位置。中央凹的旁边有一入口处类似乳头状的圆盘，称为视神经乳头，因缺少感光细胞故称为盲点。

眼球内部主要的屈光介质是晶状体、房水和玻璃体。玻璃体在晶状体之后、视网膜之前，占眼球内容物的五分之四，是一种胶状透明体。晶状体位于玻璃体与虹膜之间，作用相当于透镜，可以通过晶状体曲率的调节使物体在视网膜上形成清晰的像，如图 4-3 所示。

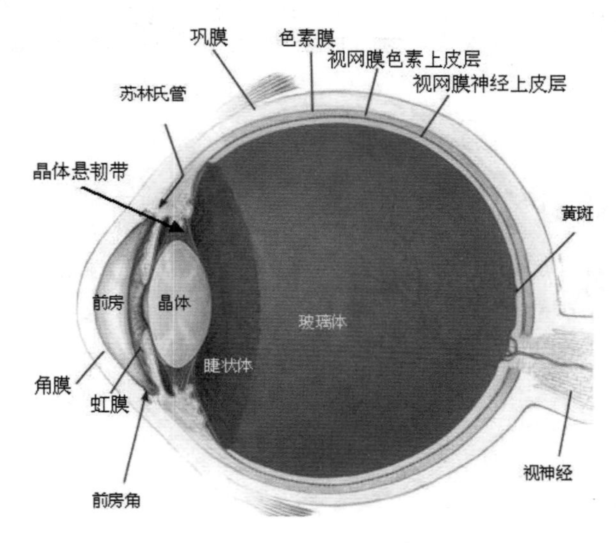

图 4-3　眼睛内部结构图

人的视觉过程为：光线—物体—眼睛—大脑—视知觉。当人眼受到光的刺激后，通过晶状体投射到视网膜上，视网膜上的视觉细胞兴奋与抑制反应通过视神经传递到大脑的神经中枢，从而产生物象的明暗和色彩感觉。

4.2.2　色彩知觉现象

人类是通过眼睛感受色彩的，或者说是通过视觉感受色彩。色彩的千变万化是通过人的视觉生理上的不同反应感知出来的视觉印象，是眼睛的生理构造直接影响人们对色彩的感觉。人在观看物体时会因为视觉功能的局限而产生一些视知觉的生理现象，了解这些对于全面了解色彩是非常有意义的。

1. 色彩视觉适应

观察物象时，眼睛自动调节环境的过程被称为视觉适应，它包括明暗适应、远近适应（距离适应）、颜色适应等。

（1）明暗适应

这是一种人的视觉对于光线明暗变化时的适应现象，分为明适应和暗适应。

当我们在黑暗的房间内，突然打开电灯，会感到耀眼眩晕，似乎一下子什么都看不见了，稍等片刻（约 0.2 秒）后眼睛才能感知周围的一切，这种从暗到明的视觉适应叫“明适应”；反之，当我们从明亮的地方走进黑暗的地方，也会感到一下子什么也看不见，但过一会儿（约 5 ～ 6 分钟），我们就能逐渐辨别出黑暗中的物象，这种从明到暗的视觉适应叫“暗适应”。

（2）远近适应

人的眼睛能够识别一定距离内的形状与色彩，主要是基于视觉生理机制具有一定的调节远近距离的适应功能。人的晶状体就相当于凸透镜，它可以通过眼部肌肉自由改变厚度来调节焦距，使物像在视网膜上始终保持清晰的影像。因此，在一定视觉范围内，不同距离的物象都能看得比较清楚。

（3）颜色适应

当我们刚看到鲜艳的颜色或高饱和色时会感到很刺激、很夺目，但过一会儿，就感觉色彩趋于平缓，不是那么抢眼了，这种对色彩的适应过程叫作颜色适应。需要注意的是，人眼认识色彩的准确性并非与时间成正比，颜色刺激在人们眼睛上起作用只需几秒钟就足够了，而且这段时间足以使眼睛对某一颜色的敏感性降低而改变对色彩的感觉。如果长时间注视某些颜色，它的纯度感觉会明显减弱，深色变浅、浅色变暗；色彩视觉的最佳时间约在 5 ～ 10 秒之间。

2. 色彩的恒定性

尽管色彩是由投射光源和物体表面性质两方面决定的，但处于日光下的物体色彩被人们认为是固有色，这种认识根深蒂固。例如，红旗在傍晚尽管光线很暗，我们仍感到它是红色的；在黄色光照下，尽管它实际已具有橙色特征，但我们仍感到它是红色的。正如一件白衬衣，无论是白天、黑夜，无论是在红光、绿光下我们都感知它是白色的。同样，在聚光灯下灰色的物体和处于明暗处的白色物体相比较，尽管实际上明处的灰色比暗处的白色亮得多，我们仍然会感觉白色的明度更高。之所以会产生这种感觉是因为虽然物象的色彩变化了，但根据它所处的整个环境，我们的眼睛会自觉排除由于色光性质不同以及色光线强弱带来的影响，将不同光线带给我们的感觉转换成它的固有色的印象。

色彩主观地保持了它的连续性，被称为色彩的恒定性，因为大脑中的某些物质平衡了这些变化，从而使得大脑形成了自己的视觉感知，进而可以使我们轻易地辨别出我们熟悉的物象。

4.2.3　色彩的错觉

由于人眼特有的生理构造，当我们观察色彩时会发现有时色彩给我们的感知并非真实的客观显现，而是一些有趣的错觉。色彩的错觉并非客观存在，而是大脑皮层对外界刺激物的分析、综合反应遇到困难造成的错误知觉，它是由人的生理构造所决定的，不是一种主观的意识。了解人对色彩的错觉对我们搭配色彩和控制色彩效果有着积极主动的作用，如图 4-4 所示。

色彩的错觉具体表现为：视觉残像、同时性效果、色彩的膨胀与收缩、色彩的前进与后退、色彩的易见度等。

当外界物体的视觉刺激作用停止以后，眼睛视网膜上的影像感觉并不会立即消失，这种现象被称为视觉残像（视觉后像）。视觉残像的产生是因为人的眼睛需要看到全色相（即含有三原色的红、绿、蓝的成分）才能得到视觉生理上的满足。如果视觉没有感受到全色相，眼睛会自动调节视觉感受，将所缺的色彩（补色）加入我们的视觉以进行补偿。所以当我们看到了一种色彩后再看另一种色彩时，另一种色彩就会带有前一种色彩的补色倾向，形成视觉残像。

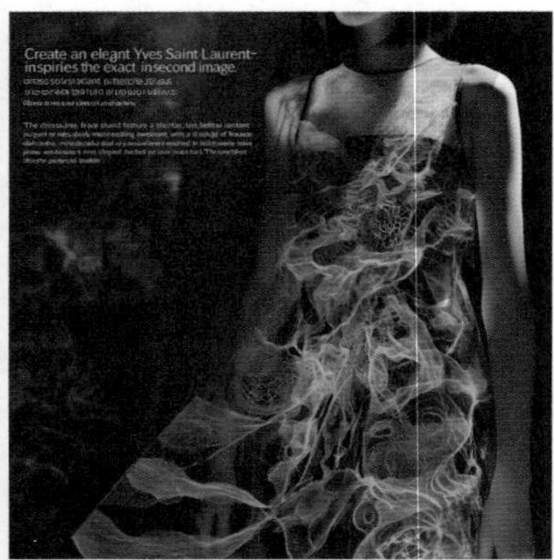

图 4-4　服装的视觉误差设计

视觉残像有正残像和负残像两种。

1. 正残像

如果我们在电灯前闭眼 3 秒，突然睁开注视电灯 3 秒，然后再闭上眼睛，感受在暗的背景上会出现灯光的影像，这种现象被称为正残像。在生活中，电视机、日光灯的灯光是闪动的，频率大约每秒 100 次以上，但是由于正残像的作用，我们的眼睛并没有觉察出来。电影就是利用正残像的原理进行拍摄和制作的，在电影胶片上，当一连串的个别动作以每秒 16 个画面以上的速度移动时，人们感觉银幕上的画面是连续的动作。现代动画片的制作是根据以上原理，把动作分解绘制成个别动作，再把个别动作连续起来放映，即重复成连续的动作。日本设计家福田邦先生是这样解释正残像的：“当刺激完全结束后，有时还能继续看到原先的像，叫作正残像……它是神经正在兴奋而尚未完成时引起的”。就像腾空而起的烟花，常常看到连续不断的各种造型的亮线，其实，烟花在任一瞬间只是一个亮点，然而由于视觉残像的特性，前后的亮点却在视网膜上形成线状，如图 4-5 所示。

图 4-5　色彩的正残像

2. 负残像

正残像是神经正在兴奋而尚未完成时引起的视觉惯性，而负残像则是神经兴奋疲劳过度所引起的，因此，它的反应与正残像截然相反。例如，当你长时间（两分钟以上）凝视一个红点后，会发现周围的色彩慢慢发生着变化，甚至消失，如图 4-6 所示。这种现象是由于视锥细胞长时间的兴奋引起疲劳，相应的感觉灵敏度也因此而降低。当视线转移到白纸上时，就相当于白光中减去了红光，这种现象被称为负残像。红色的残像的补色是绿色，如图 4-7 所示，凝视左边红色的标号一分钟后，然后突然转向右边会看到红色的补色——绿色，这种现象叫作视觉色彩补偿现象，视觉色彩补偿现象也被称为视色错觉现象。

图 4-6　色彩疲劳

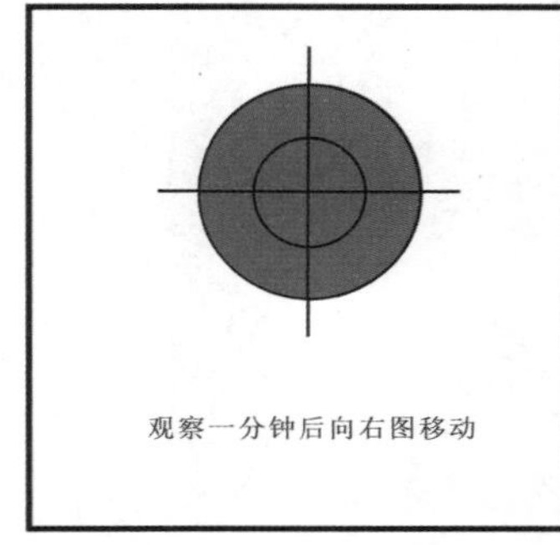

图 4-7　色彩的负残像

视觉负残像所产生的错视常常会干扰我们对色彩的正确判断。长时间的色彩刺激会引发视觉疲劳而产生负残像，使得色彩的视觉灵敏度不断降低，对色彩的分辨能力迅速下降。解决这个问题的办法是注意观察与看色的节奏，以避免视觉疲劳。这也说明了每种色彩都不是孤立存在的，任何色彩必须建立在其周围的色彩环境之中才能体现它的价值。在设计中要充分利用色彩的这种视觉特征。

4.2.4　同时性效果

同时性效果也叫同时对比，是指在同一时间里，将两种色彩放置在一起，给人的感觉是两种色彩会相互向对方色彩的对应色（相反色）靠拢，形成更强烈的视觉效应。色度学上的解释为：对同时呈现的邻近两个现场颜色进行对比。

色彩相互间放置的关系不同，同时性效应的强度也不同。当其中一色包围另一色时，同时性效果最强，如图 4-8 所示；随着两色交接的边缘长度减少，同时性效果逐渐减弱。可以说在同时性效果中，受影响最大的是色彩相接的边缘部分，如图 4-9 所示。

同时性效果包括不同明暗的色彩同时性效果、不同色相的色彩同时性效果、不同纯度的色彩同时性效果三种。

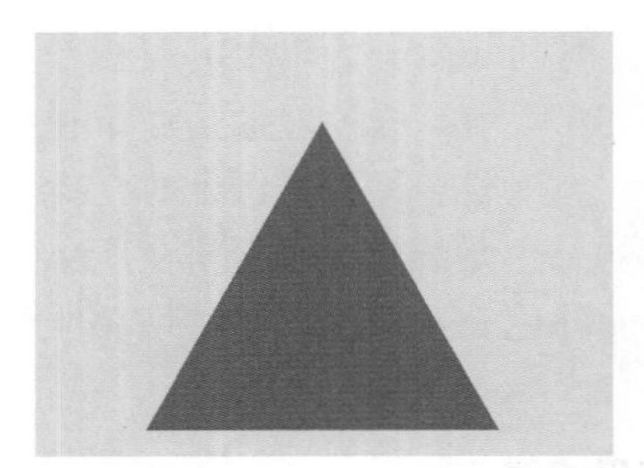

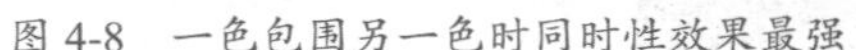

图 4-8　一色包围另一色时同时性效果最强

图 4-9　同时性效果的影响

1. 不同明度的色彩同时性效果

两种不同明度的色彩放置在一起，明亮的色彩会显得更加明亮，而暗的色彩会显得更深暗。例如，同一种灰色在黑色背景上显得更加明亮，而在白色背景上则显得较暗。将黑、灰、白这三种无彩色平涂并置在一起，我们会发现处于中间的灰色在靠近黑色的边缘显亮，在靠近白色的边缘显暗，如图 4-10 所示。

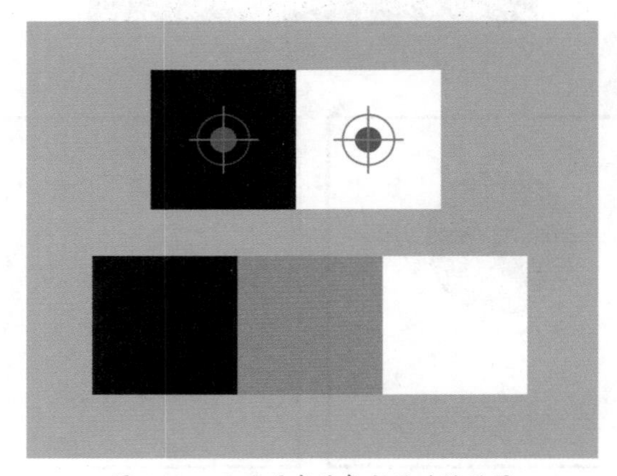

图 4-10　不同明度的色彩同时性效果

2. 不同色相的色彩同时性效果

两种不同色相的色彩放置在一起，会相互增加对方补色的成分。若两种色相互为补色，则双方显得更加饱和和鲜艳。例如，黄色和紫色并置，由于两色互为补色，黄色显得更黄，紫色更紫，相互衬托得更加鲜艳，如图 4-11 所示。将黄、绿、蓝三种色彩平涂并置在一起，处于中间的绿色虽然是客观存在的平涂色，但我们会发现绿色靠近黄色边缘的部分偏蓝，靠近蓝色边缘的部分偏黄，如图 4-12 所示。

图 4-11　不同色相的色彩同时性效果

图 4-12　不同色相的色彩同时性效果

3. 不同纯度的色彩同时性效果

如果将不同纯度的颜色并置在一起，则纯度高的色彩显得更饱和，纯度低的色彩显得更黯淡。例如，将橙色、橙灰色、灰色三种不同的色彩平涂并置在一起，处于橙色和灰色之间的橙灰色虽然是客观存在的平涂色，但我们会发现橙灰色靠近橙色边缘的部分偏灰，靠近灰色边缘的部分显得较饱和，如图 4-13 所示。

图 4-13　不同纯度的色彩同时性效果

我们可以根据配色的需要将同时性效果进行扩大或抑制。例如，需要加强同时性效果时，可以提高色彩的纯度，使对比色之间建立补色关系，也可以运用面积对比。若需要减弱同时性效果，可以降低色彩的纯度，提高明度，破坏互补关系，也可采用间隔、渐变的方法，还可缩小面积对比关系，如图 4-14 所示。

色彩的同时性对比在设计配色中占据着至关重要的位置，因为我们的设计配色通常涉及几种色彩的搭配组合，这将必然产生一定的同时性效果。因此，我们不能单纯孤立地只看一种色彩，因为同一种色彩在不同的环境中会有不同的表现。要联系它所处的环境，在环境中把握色彩，如图 4-15 所示。

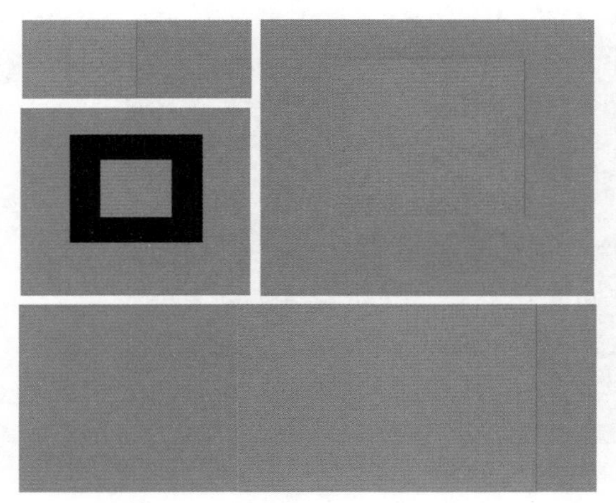

图 4-14　同时性效果的扩大与抑制图

图 4-15　色彩在环境中的表现

4.2.5　色彩的膨胀与收缩

我们都有过这样的体会：同样粗细的黑白条纹，在视觉上白色条纹看起来比黑色条纹粗；同样大小的黑白方块，白色方块在视觉上要比黑色方块略显大些。形成这种感觉的原因包括两个方面：一是物理的色光现象；二是生理的成像位置。由于各种色彩的波长不同，加之人眼的晶状体自动调节的灵敏度有限，因而造成各种光波在视网膜上的成像位置有前有后，以至于造成人眼感觉在前后距离上的错视效果，如图 4-16 所示。

图 4-16　色彩的膨胀与收缩

一般来说，波长较长的红、黄、橙等色，在视网膜内侧成像，而波长较短的绿、蓝、紫等色，则在视网膜的外侧成像。波长较长的暖色具有扩散性，波长较短的冷色具有收缩性，因此所产生的影像比较清晰。

从生理学上讲，晶状体的调节对于距离的变化是非常精密和灵敏的，但它对波长的调节存在一定的限制。波长较长的暖色在视网膜上形成内侧映像，波长较短的冷色在视网膜上形成外侧映像，从而产生暖色前进、冷色后退的感觉。

色彩的前进与后退有以下规律：暖色、高纯度色、大面积色、亮色、对比色一般具有膨胀感、前进感；冷色、低纯度色、小面积色、调和色一般具有收缩感、后退感，如图 4-17 所示。

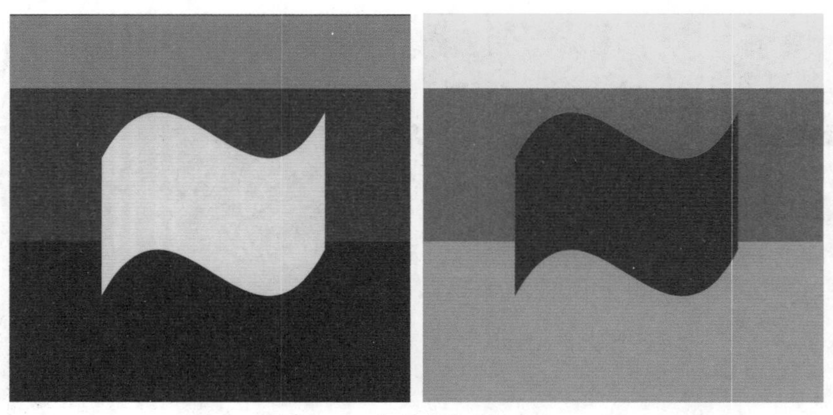

图 4-17　色彩的前进与后退

4.2.6　色彩的易见度

色彩学上把色彩清楚呈现的程度叫作易见度。色彩的易见度与光亮度、色彩面积大小有密切关系。光线太弱或光线太强时，由于炫目感，易见度会降低；色彩面积大则易见度大，色彩面积小则易见度小。

在光与形的条件相同时，形的清晰程度取决于物体色与背景色在明度、色相、纯度上的对比关系，其中尤以明度对比的作用最为明显。对比强则清楚，对比弱则模糊。例如，许多警告标志采用了高明度的黄色和最低明度的黑色搭配，黄黑之间形成极高的对比度，增加了图像的清晰度和醒目性，目的就是为了引人注目。

对易见度产生影响的还有色相。越具有对比关系的色彩搭配越抢眼，倾向于补色关系的色彩搭配最醒目。纯度也影响色彩的易见度，高纯度色彩在低纯度的背景中更显夺目。例如，纯色在无彩色上显得非常突出。

同为最饱和的各个纯色在不同背景上，认知度也各不相同，其易见度的顺序为：

在白色背景上：紫 > 蓝 > 绿 > 红 > 橙 > 黄

在黑色背景上：黄 > 橙 > 红 > 绿 > 蓝 > 紫

在灰色背景上：黄 > 橙 > 红 > 蓝 > 绿 > 紫

这种顺序很大程度上是由各纯色和背景所具有的明度关系决定的。所以，为提高知觉度（即加大认知距离，缩短认知时间），首先必须尽量加大明度差，如图 4-18 所示。

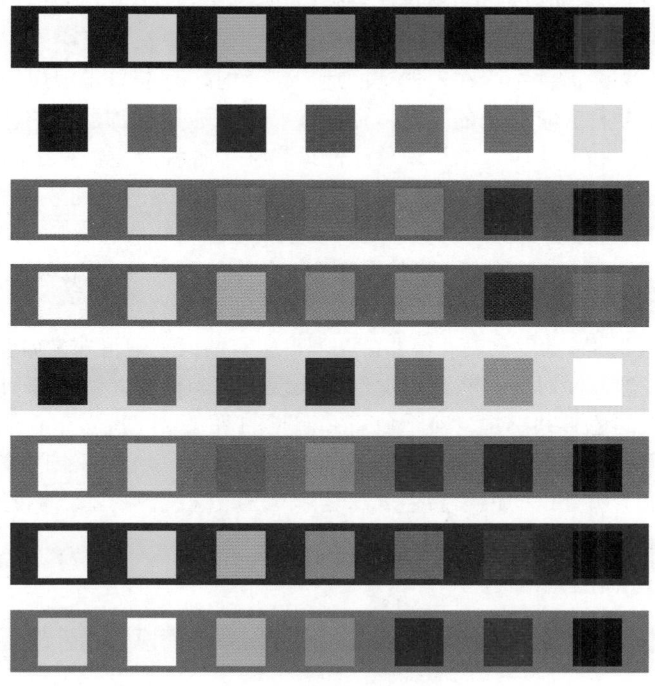

图 4-18　色彩的易见度

4.2.7　色彩的同化

色彩的同化也是知觉色彩时的一种现象，这种现象是视觉寻求平衡从生理上的平衡过渡到心理上的平衡的过程。我们常有这样的体会：当一种小面积的颜色被其他颜色包围时，该颜色看起来会相似于周围的色彩。同化现象多出现在色彩的搭配中，色与色之间不但不能加强对比，有时反倒会在主导色的诱惑下向调和的方向发展。

4.3　配色共同心理感应

人类之所以会产生感觉，是由于一种适应的刺激作用于对应的感觉器官从而产生它特有的响应，这种响应投射在大脑皮层的特定反射区，最终形成特有的感觉。色彩感觉的适应刺激就是可见光波段的电磁波，对应的感觉器官则是视觉器官。只有当这一波段的电磁波作用于视觉器官的视网膜时，才会产生一系列的响应。当这些响应投射到大脑枕叶横纹区后，就在那里形成色觉。又如温度觉的适应刺激高于或低于皮肤温度的温差，对应的感觉器官是皮肤，只有当分布于皮肤的温点接受了正温差刺激，或冷点接受了负温差刺激后才会产生响应，最终在大脑中形成温觉或冷觉。

反之，将一个视觉的适宜刺激作用于皮肤，那就不会在皮肤上出现任何响应，也就不能形成皮肤的任何感觉，当然也包括温觉。这是由于视觉的适宜刺激并非皮肤的适宜刺激。对于其他感觉也是如此，凡不属于该器官的适宜刺激，便无法在该器官上形成对应的感觉。

但是，人们大概还记得巴甫洛夫有关条件反射的实验吧。当一只狗在见到食物时出现唾液、胃液等的分泌似乎是当然的。如果每次喂食时总是伴着铃声进行的话，久而久之，即使只闻铃声不给食物这只狗也会出现完全相同的反应。类似的现象在人类中也广泛存在。在客观上只存在甲器官的适宜刺激而并不存在乙器官的适应刺激时，理应只出现属于甲器官的感觉，但往往在主观上出现甲器官应有感觉的同时，还伴随着出现应属于乙器官的感觉，这样一种感觉共生现象就称为共同的心理感应。这种现象广泛地存在于各种感觉器官之间。

这种共感觉现象也存在于色彩的感觉中。当人们接受了外界的光刺激后，视觉形成色觉的同时往往还会伴生出种种非色觉的其他感觉，这种现象就是色彩的共感觉。色彩的共感觉存在得非常广泛、表现得非常充分。常见的有色彩的温度感、色彩的距离感、色彩的轻重感以及色彩的味觉或嗅觉等共感觉等。这种因色彩所产生的共感觉现象就是人类共性的表现，但是它存在着很大的个人差异。有些人的共感觉现象表现得非常强烈，也有些人表现得非常微弱，也有些人对某些共感觉表现得相当强烈，而对另一些共感觉现象表现得相当微弱，所以任何一个个人的色彩共感觉都不能代替他人的色彩共感觉。对于色彩共感觉的研究只能建立在心理物理学基础上，也就是建立在对群体色彩共感觉的数理统计的基础上才有意义，才具有不因被试者人群的改变而改变的稳定数据。以下所分析的色彩共感觉都是建立在数理统计的基础上的色彩共感觉现象。

4.3.1 色彩的温度感

人类的感温器官是皮肤，在皮肤上广泛地分布有温点与冷点。当外界高于皮肤温度的刺激作用于皮肤时，经温点接受后最终形成热感；当外界低于皮肤温度的刺激作用于皮肤时，经冷点接受后最终形成冷感。

当仅有某些波长的光刺激作用于视网膜（与此同时并没有温度刺激作用于皮肤）时，按理只应产生色觉而不产生温度觉。但往往事实并非如此，产生色觉的同时常还会出现冷、暖感觉。例如，当观察到橙色的同时往往还会产生一种温暖感；相反，在观察到蓝色的同时往往会产生一种寒冷感。因此，就称能产生温暖感的色彩，如橙色为暖色或热色，而称能产生寒冷感的色彩，如青色为冷色或寒色。实际上，除了橙、青之外的所有色彩也都有不同程度的温度感。在现代色环中，以橙色为中心的半个色环上的色彩都不同程度上显得温暖，这一系列色彩统称为暖色系；而以青色为中心的半个色环上的色彩都不同程度上显得冷，这一系列色彩统称为冷色系。

色彩的冷暖还会显出程度的不同，如图 4-19 所示。在暖色系中，橙色为最暖，离橙色越远，温暖感越低；而在冷色系中，青色为最冷，离青色越远，寒冷感也越弱。在两个半环相接触的绿与紫，在温度感上既不暖也不冷，显得是中性的。

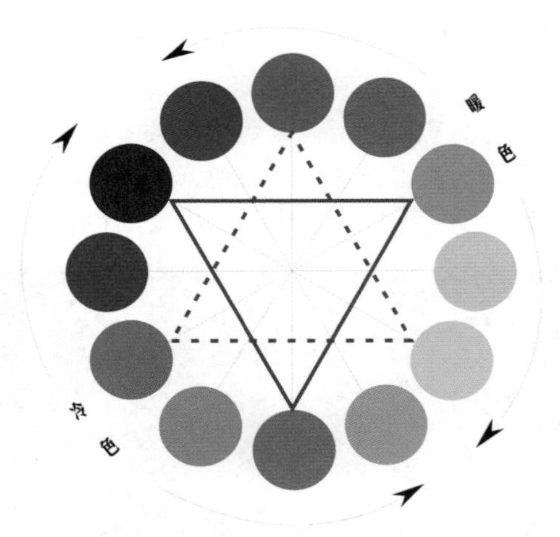

图 4-19　色彩的冷暖

色彩温度感是一种作用强烈的共感觉现象。当观察一个暖色时，会在心理上明显地出现兴奋与积极进取的情绪；当观察一个冷色时，会在心理上明显地出现压抑与消极退缩的情绪。这种温度感甚至还与真实的温度刺激一样，会产生可被观测的生理反应，不过较之心理反应要弱得多。在美国，科学家们曾做过如下的实验：他们设置了若干内部涂装单一色彩的小房间，被试者分别轮流独居这些小房间，并记录下被试者的体温、脉搏以及内分泌强度等生理参数的变化。经过一定时间间隔后，从记录下来的参数中充分反映了这样的事实：处于红色小房间的被试者很快出现了体温升高、脉搏加快、内分泌增强等生理兴奋状况，并较快出现了生理疲劳现象；相反，处于蓝色小房间的被试者则出现了体温下降、脉搏减慢、内分泌减弱等生理抑制状况。

除了色相的不同会产生温度感的不同外，色彩的彩度与明度的不同也会一定程度上影响到色彩的温度感。经实践可知，无彩色的黑、白、灰都不同程度地偏冷，尤其是以白色为最冷，黑色次之。这只要参阅彩图即可知一般。由此可见，所有暖色系的色彩，包括中性的绿与紫等在彩度下降时都不同程度地变冷；而冷色系较冷的色彩在彩度下降时虽然仍是偏冷的，但往往变得没有原先那么冷。

所以，暖色系的色彩，包括中性的绿与紫等在明度上升或下降时都不同程度地变冷，尤其在明度上升时变冷的程度更甚；冷色系较冷的色彩在明度上升或下降时温度感变化较小，但也有不同程度地变冷。如暖色 5Y9/4 要比 5Y5/4 显得冷，高明度的灰（如 N.9）与低明度的灰（如 N.2）要比中明度的灰（如 N.5）显得冷，尤以高明度的灰为更甚；而冷色 5PB8/4 要比 5PB5/4 稍稍显得冷。

色彩温度感，究其原因，可说是在人类长期生活经验中形成的条件反射。在每个人的生活中几乎都不乏这样的经验：当感觉到热源温度变化的同时，也总会观察到它色彩的变化。如在火炉中加热的铁块，在感受到它渐热的同时，也观察到它从暗红色经大红渐变成橙色。又如冰凉的海水是深蓝色的，两极的冰天雪地反射出明亮的天青色更是增添几分凛冽的寒气。反之，在没有接受到温度刺激而仅仅接受到色彩刺激时，由于条件反射也产生了温度感。

在色温轨迹的研究中曾明显指出，随着黑体温度升高的同时，该黑体会以深红、红、橙、黄、白、蓝白的次序出现光辐射。但只有前半段与色彩温度共感觉是一致的，后半段则出现了分歧。这是由于人们并没有近距离直接地接受如此超高温感受的经验。像黄白色的阳光在经过远程辐射后只是给人以温暖而已，远没有橙色钢水给人的那种逼人灼热。在日常生活中，蓝白色更只有寒冷的经验了。综上所述，色彩共感觉的冷暖既不源于客观实际，也不源于理性知识

（包括联想），而只是源自人类长期的感性经验。并且这种温度感还存在程度（量）的不同。

色彩的温度感不仅会广泛地产生心理和生理反应，还与其他共感觉现象有紧密的联系。其在绘画与服装设计中都有着广泛的应用，所以是色彩至关重要的共感觉现象。没有色彩的冷暖对比，就没有西方现代写实绘画的色彩方法；没有色彩的冷暖对比，也就少了人类工程学中作用于心理的重要环境因素；也就少了服装设计中至为重要的色彩调节，如图 4-20 所示。

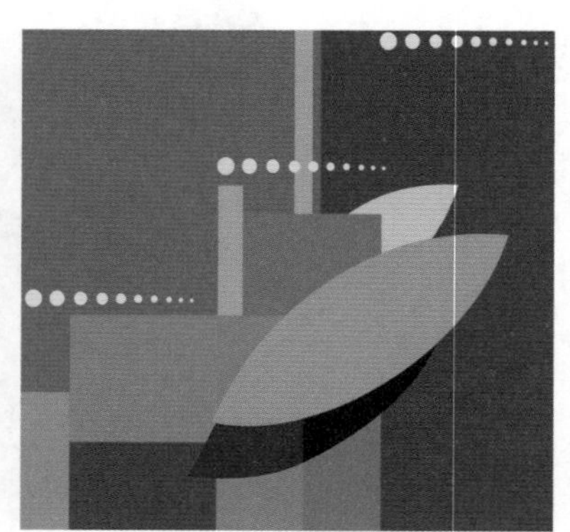

图 4-20　色彩的冷与暖

服装设计中的冷暖变化如图 4-21 所示。

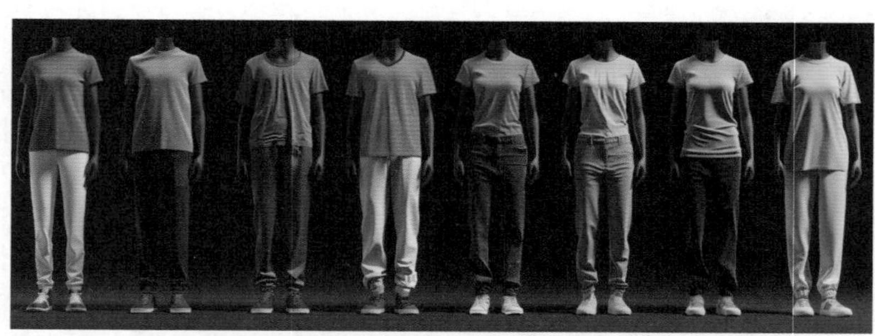

图 4-21　服装设计中的冷暖变化

4.3.2　色彩的距离感

在进行色彩配置的实践中往往有这样的经验：某些色彩总觉得比实际所处的距离显得近；而另一些色彩又觉得比实际所处的距离显得远。直观的经验表明，色彩的距离感不仅与其色相属性有关，也与色彩的明度、彩度属性有关。从色相上来说：以橙色为中心近半个色环的暖色系色彩在感觉中的距离往往不同程度地比实际距离显得近些，并且越显得暖的色彩也就越显得近；相反，以蓝色为中心近半个色环的冷色系色彩在感觉中的距离往往不同程度地比实际距离显得远些，并且越显得冷的色彩就越显得远。从明度上来说：明度高的色彩在感觉中的距离往往比实际距离显得近；而明度低的色彩在感觉中的距离往往比实际距离显得远。从彩度上来看，有与明度不同的特点：凡是暖色则彩度越高越显得近；相反，凡是冷色则彩度越高越显得远。在色彩距离上，上述三属性中影响最大的是色相属性。距离感虽然也是视觉的知觉之一，但它并非由光的波长等刺激所产生的感觉，它是由多种深度线索的综合作用而形成。其中最主要的深度线索是如图所示的双眼辐辏作用。当观察某一对象时，总是将视轴指向该对象，使视网膜上能观察细部的中央窝作为它的成像位置，所以两眼的视轴相交于被观测的对象，这种现象就被称为辐辏。辐辏时的角度就成为最主要的深度线索。此外，还有即使在单眼视时也同样会出现的深度线索，如晶状体对对象进行的聚焦作用，被观察对象远小近大的线透视现象等。色彩是不可能给人以上述各种深度线索，形成距离感的。但是，除了上述深度线索之外，还有一个可称之为大气透视现象的深度线索。所谓大气透视是指观察者与被观察对象之间距离不等时，由于介于两者之间大气厚度的不同而染上大气色彩。一定厚度的大气是带有蓝色调的，就如王勃在《滕王阁序》一文中所说的“秋水共长天一色”那样，厚厚的大气不仅给浩渺江水与远方的群山都染上了蓝天般的色彩，还不同程度地抹平了所有跃于天蓝色背景之上的明暗变化与高光。正由于日常生活中这些长期感性经验的积淀，所以相反地在观察到物体色的色相、明度或彩度等色感的同时，也影响到它的距离感。

凡感觉中的距离显得比实际距离近的色彩称为前进色，这些色彩似乎显得向观察者不同程度地稍稍突进；凡感觉中的距离显得比实际距离远的色彩称为后退色，这些色彩似乎显得从观察者面前不同程度地悄悄退缩。据大量观察结果表明，这种色彩在感觉中的距离显得与实际距离不一致的现象也是重要的色彩共感觉现象之一，如图 4-22 和图 4-23 所示。

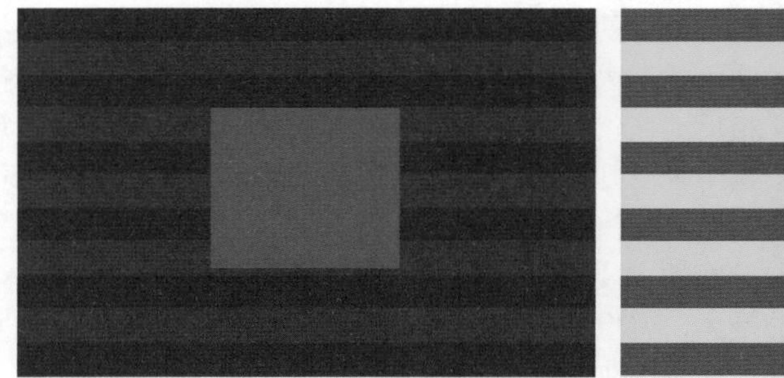

图 4-22　色彩的前进与后退

图 4-23　服装设计中的颜色

色彩的这种距离共感觉还有可能演变为物体的体积共感觉。一个涂有前进色的立体物在感觉上会显得比实际物体的体积稍稍膨胀，所以，前进色往往也被称为膨胀色；一个涂有后退色的立体物在感觉上则会显得比实际物体的体积稍稍收缩，所以后退色往往也被称为收缩色。当观察者置身于某一空间内部时，若该空间各壁面皆涂饰以前进色的话，观察者将会感到该空间比实际的空间显得狭窄；若该空间各壁面皆涂饰以后退色的话，观察者就会感到该空间比实际的空间显得宽敞。这时色彩距离感的不同则表现为色彩容积感的不同了。这种色彩容积感与上述的色彩体积感则是同一问题的正负两个方面的表现而已。用前进色涂饰立体物的表面时其体积就会显得比实际的大，相反用它涂饰空间内表面时其容积就会显得比实际的小；用后退色涂饰立体物时其体积就会显得比实际的小，相反用它涂饰空间内表面时其容积则显得比实际的大。

这种因色彩的色相、彩度与明度感觉的不同而引起色彩心理距离、心理体积与心理容积改变的色彩共感觉现象在所有色彩中都有不同程度的表现，它也是人类色彩知觉的共性。这种现象在设计中也有重要的应用。因为设计的服务对象是人，人对外部世界的一切都是通过自身对它的感觉来掌握、来认识，并对它做出评价的。对设计中所涉及的尺度也是如此，所以设计中与其说是物理尺度，不如说是心理尺度更为重要、更为直接。当然心理尺度的要求主要是通过物理尺度来实现的，但物理尺度的改变会受到客观条件的严重制约而难以实现，而利用色彩共感觉现象在一定程度上直接改变其心理尺度，往往是最有效、最方便、最廉价的手段。这就是色彩至关重要的调节功能之一，但是也不能不注意到这种改变的程度是有限的。

4.3.3 色彩的重量感

重量感是由客观的物理质量作用于人类的皮肤与运动器官，产生对皮肤的压力与对肌肉的张力等所形成的知觉。它是基于皮肤与本体感觉所形成的，光刺激并非它的适宜刺激。但是，在长期的生活经验中这种物理的质量总是由具体的物体所产生，物体在将自身的质量刺激作用于人类皮肤与本体感觉的同时，也将自身的反射光刺激作用于人的视觉器官。某些物体作用于人体重量感的同时也作用于视觉的色感。由于人们在接受它的质量刺激的同时也总接受到这些色刺激而形成条件反射。因此，相反地在仅仅接受到这些色刺激的同时，也产生了重量共感觉。使一些色彩显得重，一些色彩显得轻。凡在心理上显得重的色彩，如黑色与暗色称为重色，反之凡在心理上显得轻的色彩，如明灰或白称为轻色。

由上例中可以看出，决定色彩重量感的主要因素是明度。明度最高者是白，就像棉花一样给人以最轻的重量感；而明度最低的是黑，就像铁一样给人以最重的重量感。此外还能发现不同色相的纯色也有不同的重量感，其实这时起决定作用的还是该纯色的明度。

常会有这样的事，如有人突然发问："100g 的铁重呢，还是 100g 的棉花重？"总不免有那么几个人会稀里糊涂、不假思索地脱口而出："铁重！"他们或许在这一瞬间混淆了质量与密度的概念，也或许是下庞蒂埃错觉在起作用。所谓下庞蒂埃错觉，它反映了人类这样一种共同心理：即使在客观上是相同质量的两个物体，但在心理上总觉得体积小的一方显得更重一些。

总之，色彩的重量感几乎只由色彩的明度确定。明度越高显得越轻，明度越低显得越重。但是色彩重量感并非不受色彩的色相与彩度的影响，只不过这种影响要比明度的影响小得多。当明度相同时膨胀色要比收缩色显得稍轻，也就是说暖色系的色彩要比冷色系的色彩显得稍轻，暖色系的高彩度色要比冷色系的高彩度色显得更轻些。但这种影响的程度很有限。

色彩的重量感往往还会受色彩样态的影响。凡构成有光泽、质感细密、坚硬的表面色样态者皆给人以稍重的感觉；凡构成无光泽、质感粗松、柔软的表面色样态者皆给人以稍轻的感觉。但务必注意这里所说的细密、粗松、坚硬、柔弱等是指色彩表面的纹理而言，并非指色彩的共感觉，如图 4-24 和图 4-25 所示。

图 4-24　色彩的轻与重

图 4-25　服装设计中的色彩轻重

4.3.4　色彩的硬度感

色彩的硬度感也是色彩的共感觉之一。它几乎与色彩的重量共感觉同时形成，有非常直接的关联。铁既重又硬，不如铁重的砖石也不如铁硬，木材就更轻更软了，棉花与雪片则是最轻最软的，所以与重量感相同，影响色彩硬度感的主要属性也是明度。明度越高就显得越软，明度越低就显得越硬。色相虽也有影响，但相当微弱。一般在相同明度下的暖色稍显柔软，冷色则稍显坚硬而已。总之，凡显得硬的色彩称为硬色，凡显得软的色彩称为软色。

色彩强度感也是色彩共感觉之一。它有两方面含义：其一指结实或强有力的程度；其二指艳丽或兴奋的程度。前者是强度感的主要方面，接近硬度感或重量感。一般明度越高越显得弱，明度越低越显得强。后者是强度感的次要方面，这时彩度起了重要的作用。彩度越高越显得强，彩度越低越显得弱。色相的影响较弱，一般显得暖的色彩显得稍强，显得冷的色彩显得稍弱。凡显得强的色彩称为强色，显得弱的色彩称为弱色，如图 4-26 所示。

图 4-26　色彩的硬度感

4.3.5　色彩的明快与忧郁感

色彩的明快与忧郁感主要与明度和纯度有关，明度较高的鲜艳之色具有明快感，灰暗浑浊之色具有忧郁感。高明度基调的配色容易产生明快感，低明度基调的配色容易产生忧郁感。在无彩色系列中，黑色与深灰色容易使人产生忧郁感，白色与浅灰色容易使人产生明快感，中等明度的灰色为中性色。色彩对比度的强弱也影响色彩的明快与忧郁感，对比强烈的趋向明快，对比弱的趋向忧郁。纯色与白色组合易产生明快感，浊色与黑色组合易产生忧郁感，如图 4-27 和图 4-28 所示。

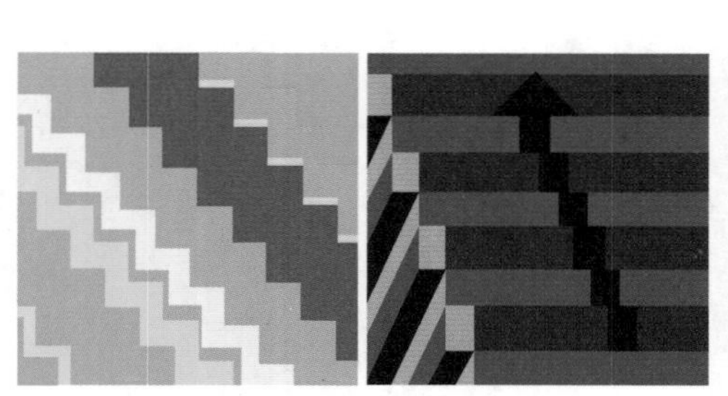

图 4-27　色彩的明快与忧郁感

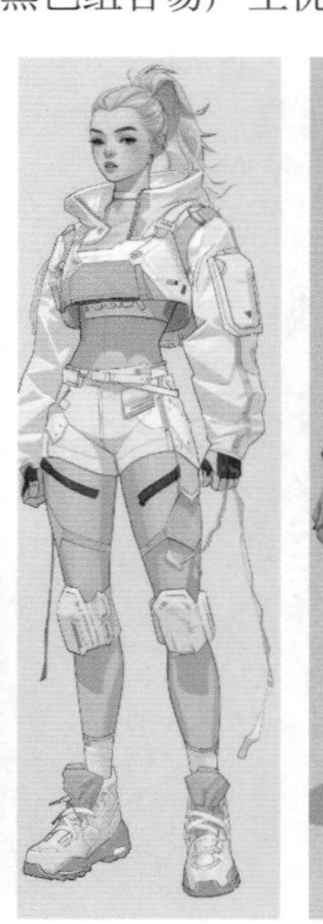

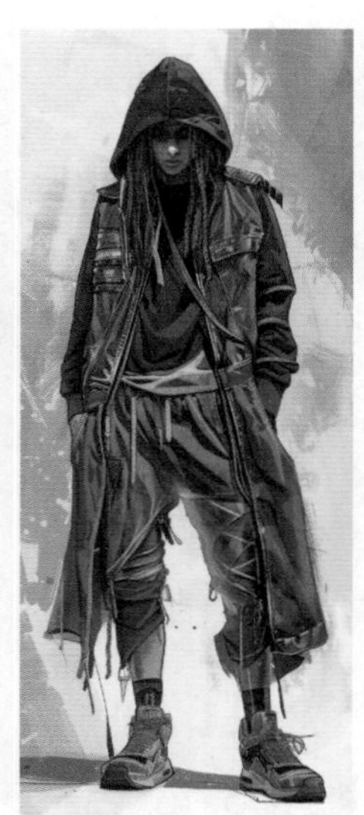

图 4-28　服装设计中的色彩明快与忧郁感

4.3.6　色彩的兴奋与沉静感

色彩的兴奋与沉静感主要取决于刺激视觉的强弱。在色相方面，红、橙、黄色具有兴奋感，青、蓝、蓝紫色具有沉静感，绿与紫为中性色。偏暖的色系容易使人兴奋，即所谓“热闹”；偏冷的色系容易使人沉静，即所谓“冷静”。在明度方面，高明度之色具有兴奋感，低明度之色具有沉静感。在纯度方面，高纯度之色具有兴奋感，低纯度之色具有沉静感。色彩组合的对比强弱程度直接影响兴奋与沉静感，对比强烈的色彩组合容易使人兴奋，对比弱的色彩组合容易使人沉静，如图 4-29 和图 4-30 所示。

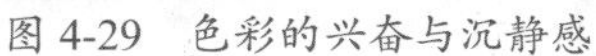

图4-29　色彩的兴奋与沉静感

图4-30　服装设计中的色彩兴奋与沉静感

4.3.7　色彩的华丽与朴素感

色彩的华丽与朴素感受色相的影响最大，其次是纯度与明度。红、黄等暖色和鲜艳而明亮的色彩具有华丽感，青、蓝等冷色和浑浊而灰暗的色彩具有朴素感。有彩色系具有华丽感，无彩色系具有朴素感，如图4-31和图4-32所示。

图4-31　色彩的华丽与朴素感

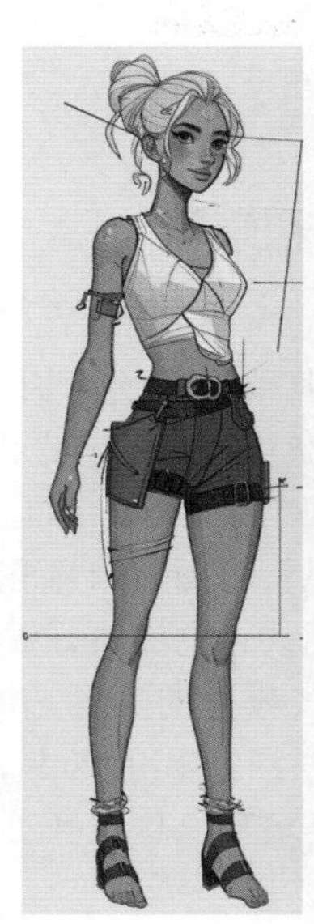

图4-32　服装设计中的色彩华丽与朴素感

色彩的华丽与朴素感也与色彩组合有关，运用色相对比的配色具有华丽感，其中以补色组合最为华丽。为了增加色彩的华丽感，金、银色的运用最为常见，所谓金碧辉煌、富丽堂皇的宫殿色彩，昂贵的金、银装饰是必不可少的。

4.3.8 色彩的积极与消极感

色彩的积极与消极感与色彩的兴奋与沉静感相似。歌德认为一切色彩都位于黄色与蓝色之间，他把黄、橙、红色划为积极主动的色彩，把青、蓝、蓝紫色划为消极被动的色彩，绿与紫色划为中性色彩。积极主动的色彩具有生命力和进取性，消极被动的色彩是表现平安、温柔、向往的色彩。体育教练为了充分发挥运动员的体力潜能，曾尝试将运动员的休息室、更衣室刷成蓝色，以创造一种放松的气氛；当运动员进入比赛场地时，要求先进入红色的房间，以创造一种强烈的紧张气氛，鼓动士气，使运动员提前进入最佳的竞技状态，如图 4-33 和图 4-34 所示。

图 4-33 色彩的积极与消极感

图 4-34 色彩积极的运动员服装

4.3.9 色彩的味觉和嗅觉

烹制美味佳肴总要讲究色、香、味。品尝美味佳肴时，总要在享受美味之前，先观其色，闻其香，然后再尝其味。其色、其香更进一步助长其味之美。长期以来，凡接受味觉享受的同时也总是接受着色觉与嗅觉的综合刺激，因此在接受了色觉刺激时形成味觉或嗅觉共感觉也是必然的。

“望梅止渴”是妇孺皆知的成语，它正是在长期生活经验的积淀中，由青梅的色觉形成味觉共感觉的一种反映，望见青梅而满口流酸水，觉酸味而满口生津，最终达到了止渴的效果，“望梅止渴”正是色彩味觉共感觉的最好佐证。

任何可口的食物都有其典型的味觉，同时也呈现出与此美味相对应的色觉。如苹果由生至熟的过程，其味也由酸变甜，其色也由绿变红，红色因此也就成了苹果甜美感觉的“诱发剂”。又如蒸熟出锅的鲜美螃蟹，总是换上一身的“大红袍”。所以，红色也就成了诱发鲜美味觉的符号。

此外，由色觉诱发嗅觉共感觉现象也是不胜枚举。当香蕉由绿变黄后，它就开始散发诱人的清香，白兰花结出如玉的浅黄绿色的花蕾后更是清香袭人，深褐色的咖啡则飘出阵阵浓烈的香韵，所以浅黄色就成了诱发袭人清香的符号，咖啡色就成了浓烈香韵的符号了，如图 4-35 和图 4-36 所示。

图 4-35　色彩与味觉

图 4-36　服装设计中的色彩与味觉

不论色彩的味觉共感觉也好，色彩的嗅觉共感觉也好，它所形成的是一种潜意识的作用，不因人的意志而转移。当一旦接受了某种色刺激时，种种对应的共感觉便会油然而生。正是由于色彩这些共感觉现象的存在，大大丰富了“色彩语言”的表现力，增强了色彩作为“信息”载体的功能。所以作为一名设计师就应充分利用色彩语言的表现力，为设计文化价值的传达发挥作用。但各共感觉的感知程度因人而异，有人强烈有人微弱，总之，表现力各不相同，存在很大的个体差异，任何人的感觉都不能代替他人的共感觉，所以在面向最广大的消费群体需求的现代设计中，就不能以任何个人的共感觉来代替他人的共感觉，连设计师也不例外。在设计中只有反映群体的共感觉才有现实意义，并且这种共感觉都有程度的不同。只有以群体为对象，以心理物理学的数理统计手段进行研究所得的定量化的值才具有现实意义，上述的各种色彩的共感觉都是建立在这一基础上的描述。

第5章 服装色彩的配色情感

色彩作用于我们的视觉，长期的生活经验和感受，使我们对不同的色彩产生了不同的联想和感受，这些感受会直接影响我们的心理判断，进而会对色彩的设计与运用产生影响。

色彩不仅可以丰富视觉，带来美感，而且每种色彩都带有不同的个性；大自然的色彩熏陶是人类形成色彩感情中最根本、最重要的基础条件，长期的社会实践和生活体验，使人们形成了对色彩的理解和感情上的共鸣，并赋予色彩以不同的情感和象征意义。

5.1 红色的情感

图 5-1　服装设计中的红色

在时尚界，颜色是表达个性和情感的重要元素之一。而在众多颜色中，红色无疑是最具有视觉冲击力和情感表达力的一种。它象征着热情、力量、活力和爱情，常常被用来吸引注意力和传达强烈的信息。因此，红颜色的服装设计不仅仅是一种时尚选择，更是一种情感的表达和个性的展示，如图 5-1 所示。

首先，红色服装设计的创意可以源自对这种颜色的多重解读。设计师可以从不同文化的角度出发，探索红色在不同文化中的意义。例如，在中国，红色是喜庆和吉祥的象征，常用于婚礼和节日庆典。而在西方，红色可能更多地与爱情和激情联系在一起。通过这些文化差异的融合，设计师可以创造出既具有传统意义又不失现代感的红色服装，如图 5-2 所示。

图 5-2　红色服装的设计

其次，红色服装的设计需要考虑到色彩搭配的原则。由于红色本身非常醒目，设计时可以选择与中性色或冷色调相搭配，以平衡整体视觉效果。例如，一件红色的连衣裙配上黑色高跟鞋和简约的金属饰品，可以展现出一种优雅而不失力量的风格。另外，不同材质的红色面料也会带来不同的视觉效果和风格，如丝绸的光泽感、棉布的自然舒适或皮革的硬朗质感，都是设计师可以考虑的元素。

再者，红颜色服装设计的创意还可以体现在剪裁和细节上。大胆的剪裁，如非对称的裙摆、独特的领口设计或夸张的袖子，都可以让红色服装更加引人注目。同时，细节处的装饰，如刺绣、珠片或蕾丝的添加，也能为红色服装增添一份精致和奢华感。红色服装设计的观点应当鲜明且具有时代感。在当今社会，人们越来越注重个性化和自我表达。因此，设计师应当鼓励穿着者通过红色服装来展现自己的态度和信念。无论是一件简洁的红色衬衫，还是一件华丽的红色晚礼服，都应该是穿着者自信和力量的象征，如图 5-3 所示。

图 5-3　自信的红色服装

配色色谱实例参考：

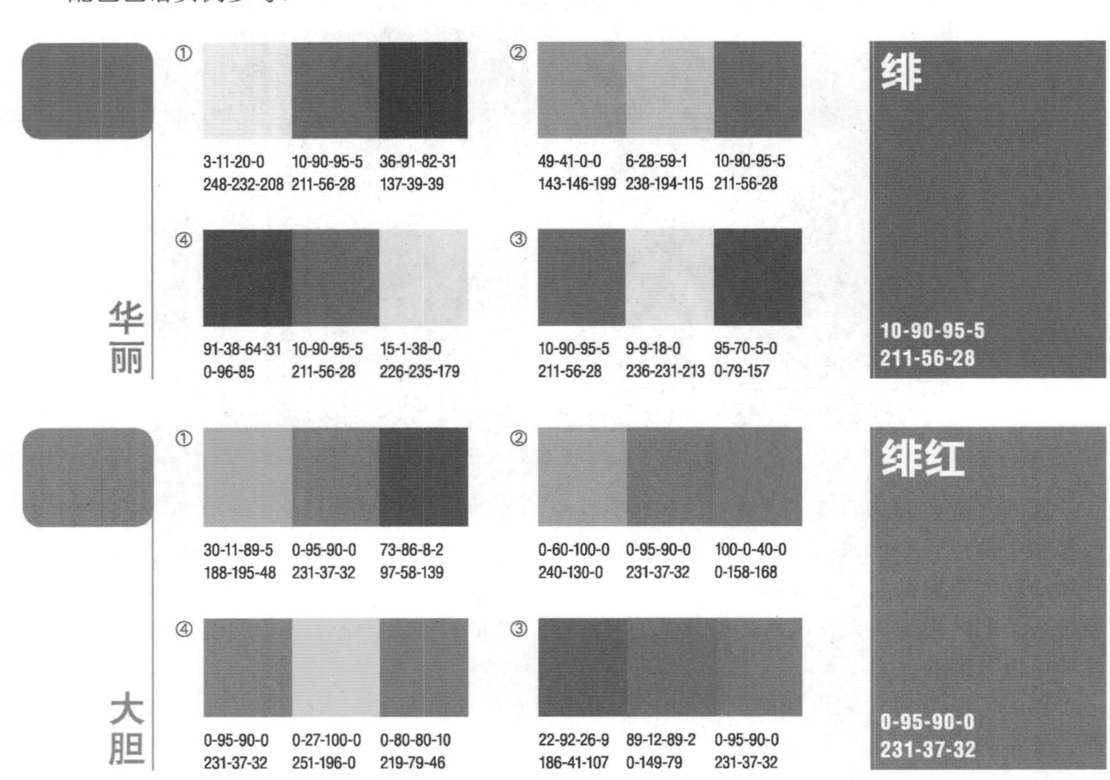

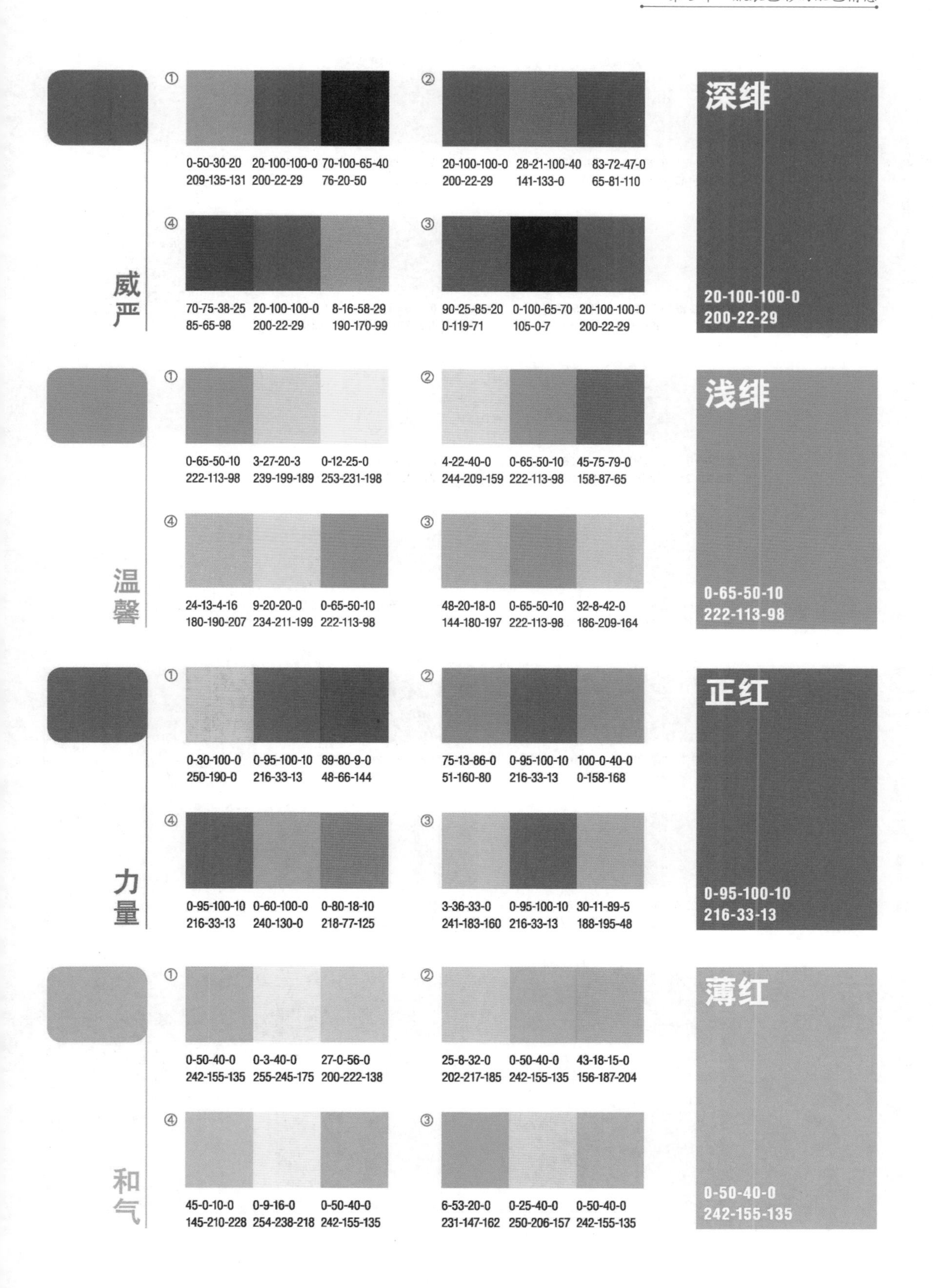
威严
①
0-50-30-20 209-135-131
20-100-100-0 200-22-29
70-100-65-40 76-20-50
②
20-100-100-0 200-22-29
28-21-100-40 141-133-0
83-72-47-0 65-81-110
④
70-75-38-25 85-65-98
20-100-100-0 200-22-29
8-16-58-29 190-170-99
③
90-25-85-20 0-119-71
0-100-65-70 105-0-7
20-100-100-0 200-22-29
深绯
20-100-100-0
200-22-29
温馨
①
0-65-50-10 222-113-98
3-27-20-3 239-199-189
0-12-25-0 253-231-198
②
4-22-40-0 244-209-159
0-65-50-10 222-113-98
45-75-79-0 158-87-65
④
24-13-4-16 180-190-207
9-20-20-0 234-211-199
0-65-50-10 222-113-98
③
48-20-18-0 144-180-197
0-65-50-10 222-113-98
32-8-42-0 186-209-164
浅绯
0-65-50-10
222-113-98
力量
①
0-30-100-0 250-190-0
0-95-100-10 216-33-13
89-80-9-0 48-66-144
②
75-13-86-0 51-160-80
0-95-100-10 216-33-13
100-0-40-0 0-158-168
④
0-95-100-10 216-33-13
0-60-100-0 240-130-0
0-80-18-10 218-77-125
③
3-36-33-0 241-183-160
0-95-100-10 216-33-13
30-11-89-5 188-195-48
正红
0-95-100-10
216-33-13
和气
①
0-50-40-0 242-155-135
0-3-40-0 255-245-175
27-0-56-0 200-222-138
②
25-8-32-0 202-217-185
0-50-40-0 242-155-135
43-18-15-0 156-187-204
④
45-0-10-0 145-210-228
0-9-16-0 254-238-218
0-50-40-0 242-155-135
③
6-53-20-0 231-147-162
0-25-40-0 250-206-157
0-50-40-0 242-155-135
薄红
0-50-40-0
242-155-135

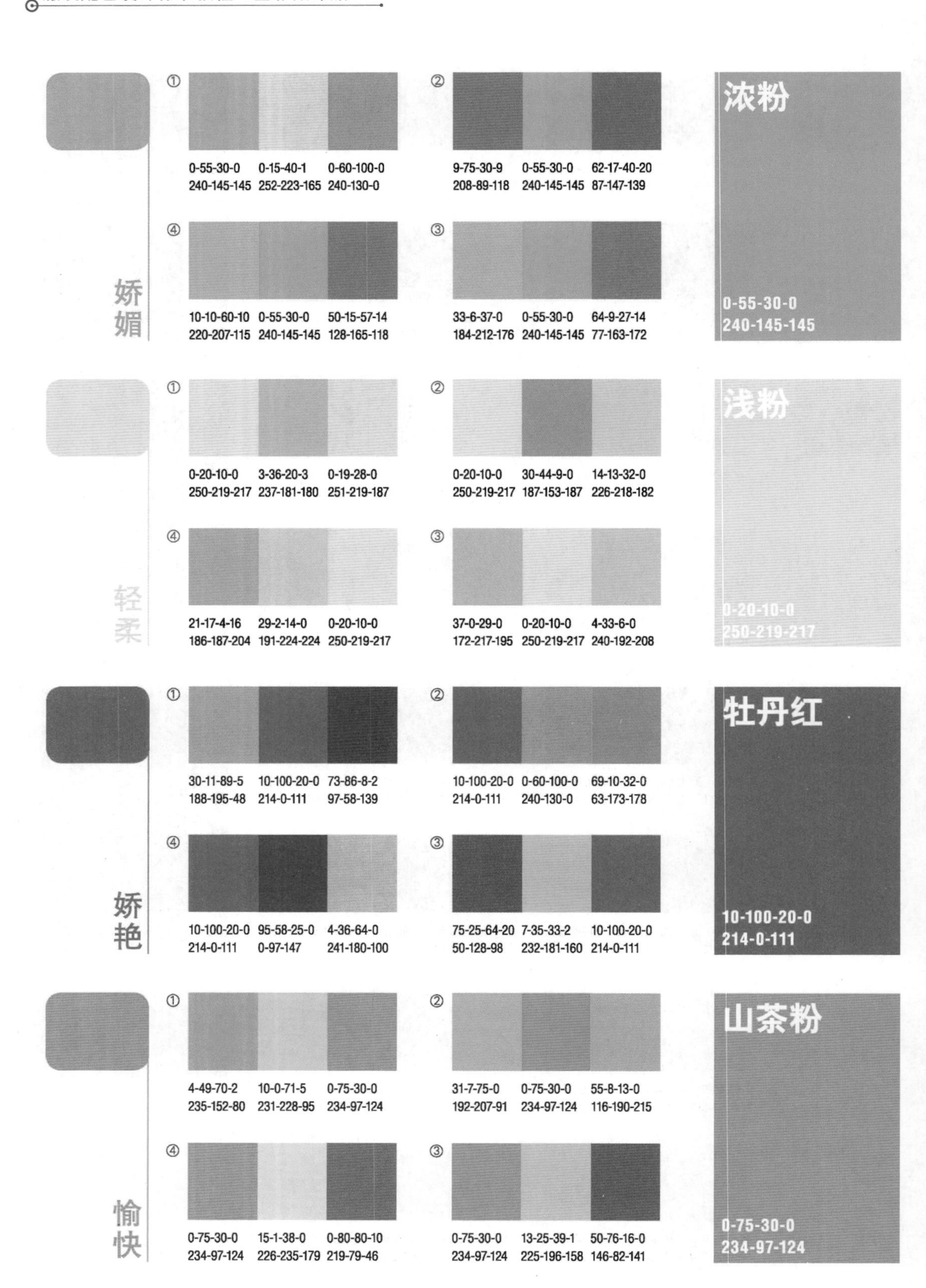
娇媚
①
0-55-30-0 240-145-145
0-15-40-1 252-223-165
0-60-100-0 240-130-0
②
9-75-30-9 208-89-118
0-55-30-0 240-145-145
62-17-40-20 87-147-139
④
10-10-60-10 220-207-115
0-55-30-0 240-145-145
50-15-57-14 128-165-118
③
33-6-37-0 184-212-176
0-55-30-0 240-145-145
64-9-27-14 77-163-172
浓粉
0-55-30-0
240-145-145
轻柔
①
0-20-10-0 250-219-217
3-36-20-3 237-181-180
0-19-28-0 251-219-187
②
0-20-10-0 250-219-217
30-44-9-0 187-153-187
14-13-32-0 226-218-182
④
21-17-4-16 186-187-204
29-2-14-0 191-224-224
0-20-10-0 250-219-217
③
37-0-29-0 172-217-195
0-20-10-0 250-219-217
4-33-6-0 240-192-208
浅粉
0-20-10-0
250-219-217
娇艳
①
30-11-89-5 188-195-48
10-100-20-0 214-0-111
73-86-8-2 97-58-139
②
10-100-20-0 214-0-111
0-60-100-0 240-130-0
69-10-32-0 63-173-178
④
10-100-20-0 214-0-111
95-58-25-0 0-97-147
4-36-64-0 241-180-100
③
75-25-64-20 50-128-98
7-35-33-2 232-181-160
10-100-20-0 214-0-111
牡丹红
10-100-20-0
214-0-111
愉快
①
4-49-70-2 235-152-80
10-0-71-5 231-228-95
0-75-30-0 234-97-124
②
31-7-75-0 192-207-91
0-75-30-0 234-97-124
55-8-13-0 116-190-215
④
0-75-30-0 234-97-124
15-1-38-0 226-235-179
0-80-80-10 219-79-46
③
0-75-30-0 234-97-124
13-25-39-1 225-196-158
50-76-16-0 146-82-141
山茶粉
0-75-30-0
234-97-124

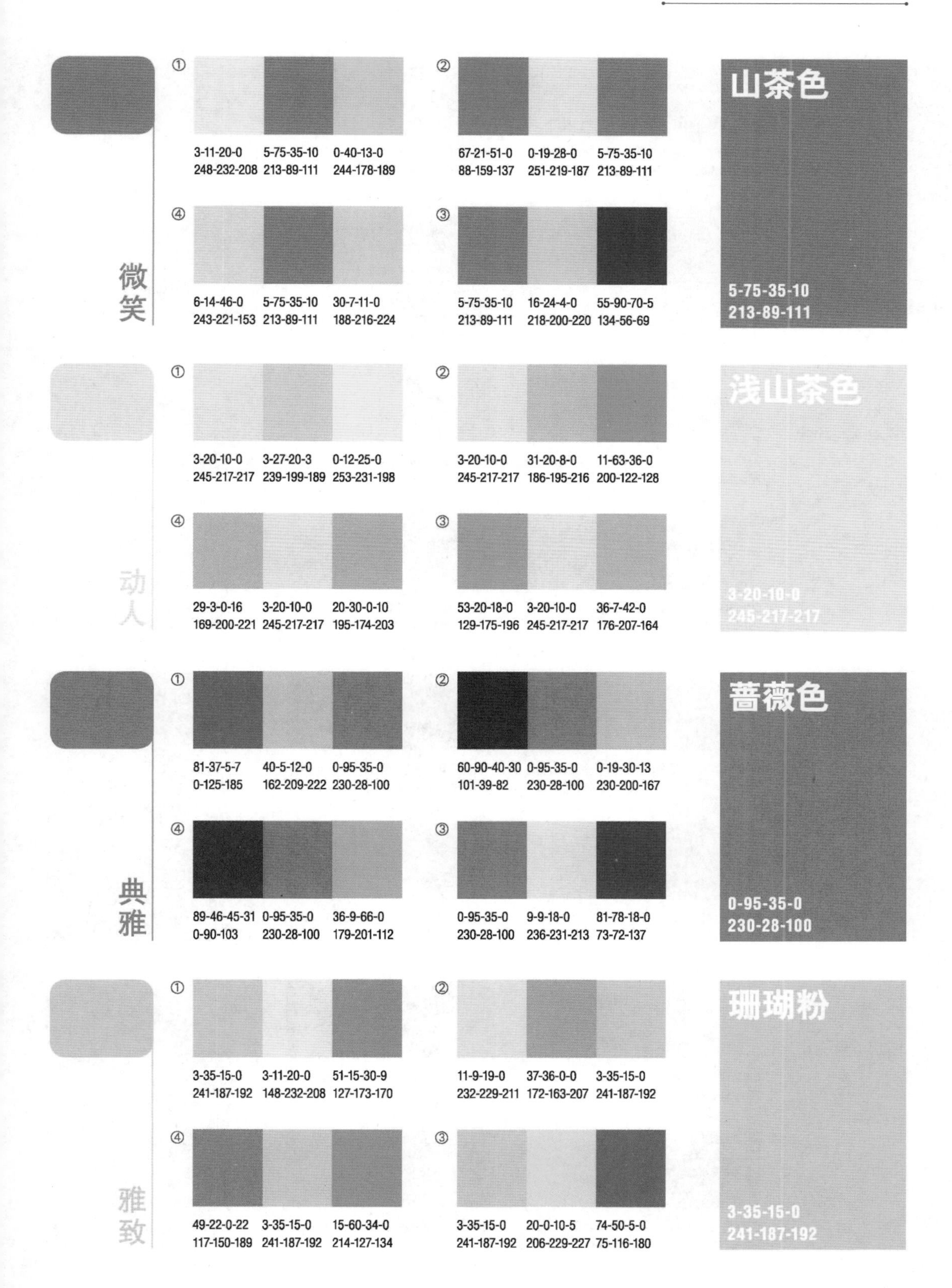
微笑
①
3-11-20-0 248-232-208
5-75-35-10 213-89-111
0-40-13-0 244-178-189
②
67-21-51-0 88-159-137
0-19-28-0 251-219-187
5-75-35-10 213-89-111
④
6-14-46-0 243-221-153
5-75-35-10 213-89-111
30-7-11-0 188-216-224
③
5-75-35-10 213-89-111
16-24-4-0 218-200-220
55-90-70-5 134-56-69
山茶色
5-75-35-10
213-89-111
动人
①
3-20-10-0 245-217-217
3-27-20-3 239-199-189
0-12-25-0 253-231-198
②
3-20-10-0 245-217-217
31-20-8-0 186-195-216
11-63-36-0 200-122-128
④
29-3-0-16 169-200-221
3-20-10-0 245-217-217
20-30-0-10 195-174-203
③
53-20-18-0 129-175-196
3-20-10-0 245-217-217
36-7-42-0 176-207-164
浅山茶色
3-20-10-0
245-217-217
典雅
①
81-37-5-7 0-125-185
40-5-12-0 162-209-222
0-95-35-0 230-28-100
②
60-90-40-30 101-39-82
0-95-35-0 230-28-100
0-19-30-13 230-200-167
④
89-46-45-31 0-90-103
0-95-35-0 230-28-100
36-9-66-0 179-201-112
③
0-95-35-0 230-28-100
9-9-18-0 236-231-213
81-78-18-0 73-72-137
蔷薇色
0-95-35-0
230-28-100
雅致
①
3-35-15-0 241-187-192
3-11-20-0 148-232-208
51-15-30-9 127-173-170
②
11-9-19-0 232-229-211
37-36-0-0 172-163-207
3-35-15-0 241-187-192
④
49-22-0-22 117-150-189
3-35-15-0 241-187-192
15-60-34-0 214-127-134
③
3-35-15-0 241-187-192
20-0-10-5 206-229-227
74-50-5-0 75-116-180
珊瑚粉
3-35-15-0
241-187-192

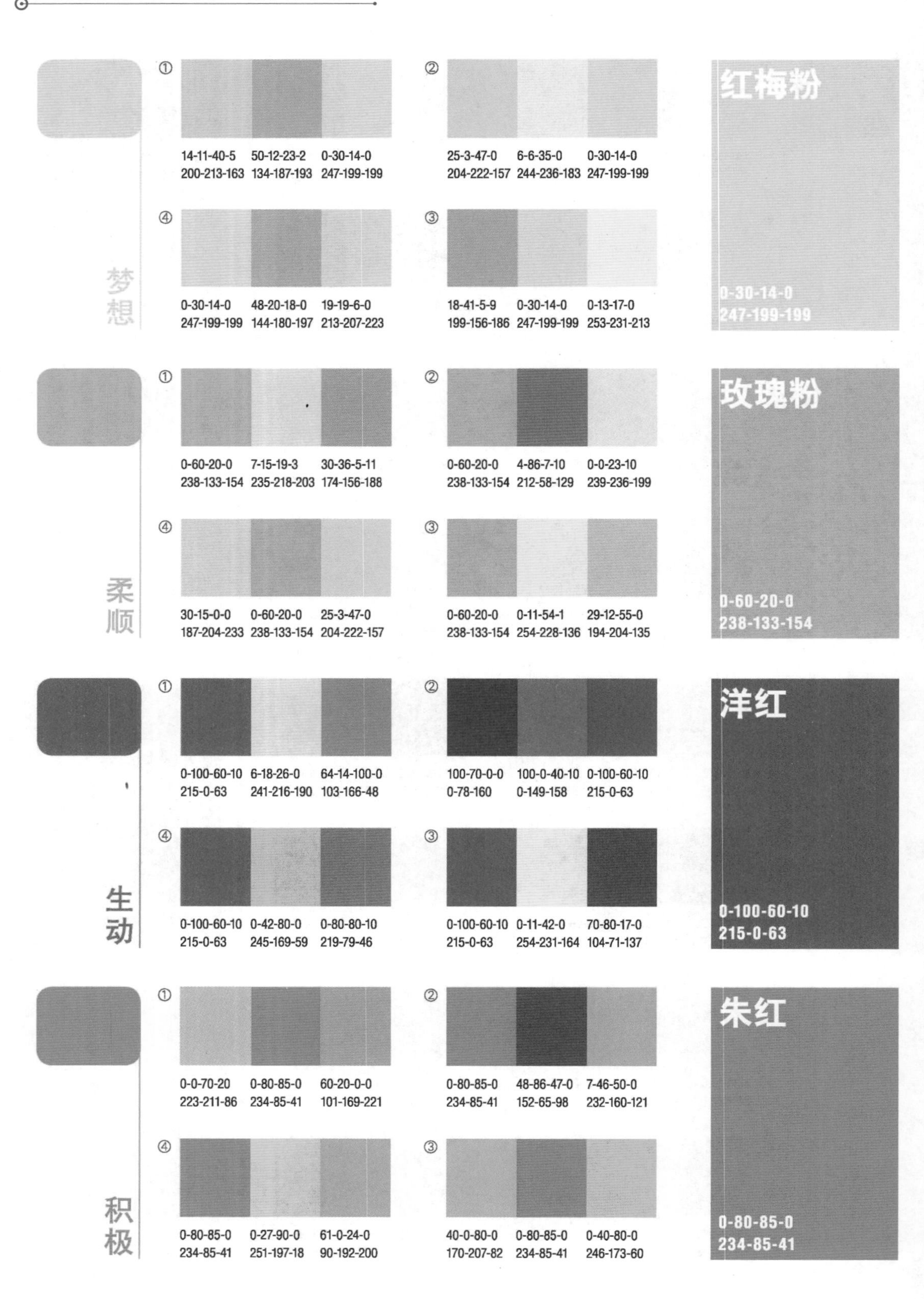
梦想
①
14-11-40-5 200-213-163
50-12-23-2 134-187-193
0-30-14-0 247-199-199
②
25-3-47-0 204-222-157
6-6-35-0 244-236-183
0-30-14-0 247-199-199
④
0-30-14-0 247-199-199
48-20-18-0 144-180-197
19-19-6-0 213-207-223
③
18-41-5-9 199-156-186
0-30-14-0 247-199-199
0-13-17-0 253-231-213
红梅粉
0-30-14-0
247-199-199
柔顺
①
0-60-20-0 238-133-154
7-15-19-3 235-218-203
30-36-5-11 174-156-188
②
0-60-20-0 238-133-154
4-86-7-10 212-58-129
0-0-23-10 239-236-199
④
30-15-0-0 187-204-233
0-60-20-0 238-133-154
25-3-47-0 204-222-157
③
0-60-20-0 238-133-154
0-11-54-1 254-228-136
29-12-55-0 194-204-135
玫瑰粉
0-60-20-0
238-133-154
生动
①
0-100-60-10 215-0-63
6-18-26-0 241-216-190
64-14-100-0 103-166-48
②
100-70-0-0 0-78-160
100-0-40-10 0-149-158
0-100-60-10 215-0-63
④
0-100-60-10 215-0-63
0-42-80-0 245-169-59
0-80-80-10 219-79-46
③
0-100-60-10 215-0-63
0-11-42-0 254-231-164
70-80-17-0 104-71-137
洋红
0-100-60-10
215-0-63
积极
①
0-0-70-20 223-211-86
0-80-85-0 234-85-41
60-20-0-0 101-169-221
②
0-80-85-0 234-85-41
48-86-47-0 152-65-98
7-46-50-0 232-160-121
④
0-80-85-0 234-85-41
0-27-90-0 251-197-18
61-0-24-0 90-192-200
③
40-0-80-0 170-207-82
0-80-85-0 234-85-41
0-40-80-0 246-173-60
朱红
0-80-85-0
234-85-41

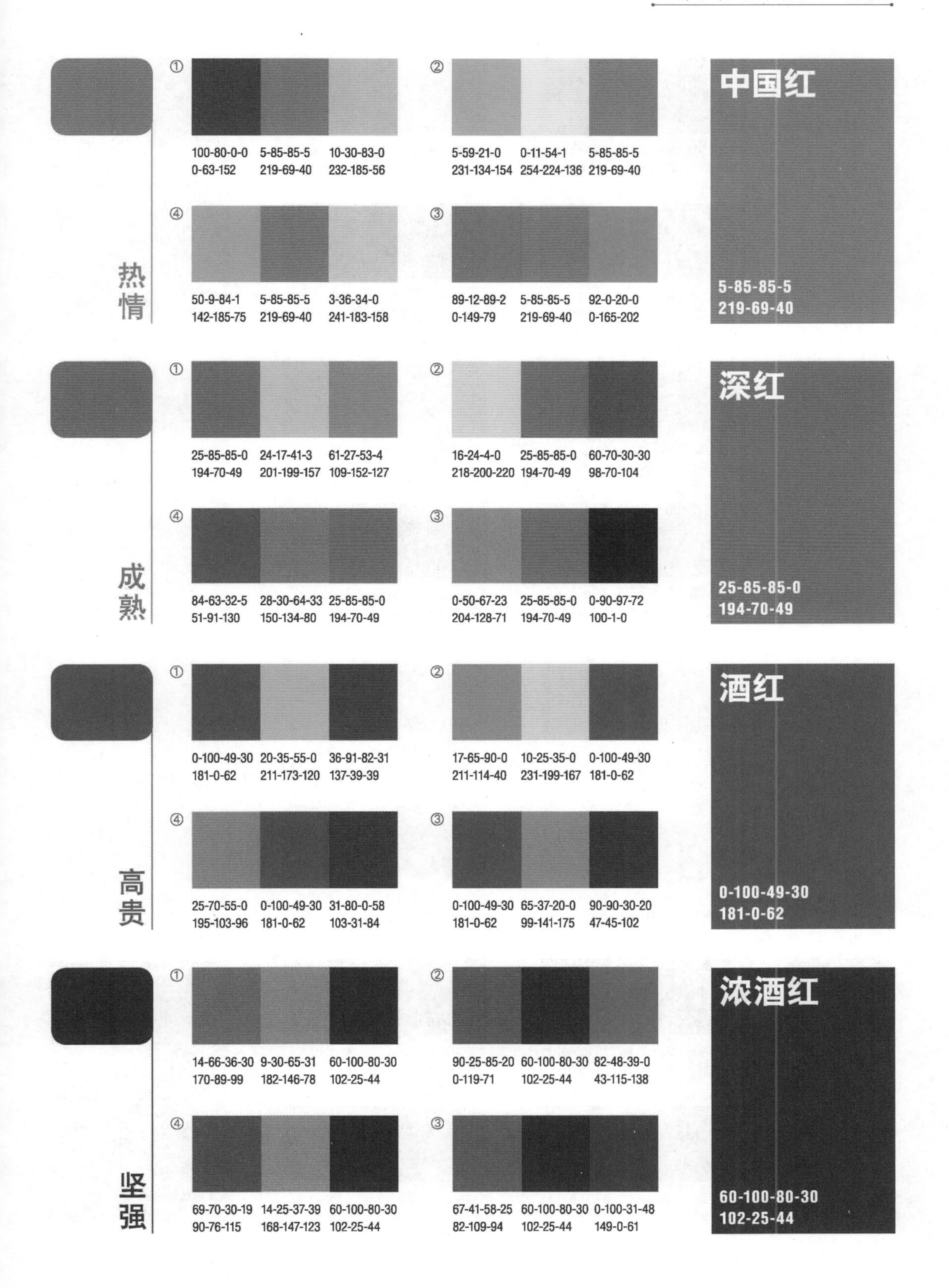

热情
①
100-80-0-0 0-63-152
5-85-85-5 219-69-40
10-30-83-0 232-185-56
②
5-59-21-0 231-134-154
0-11-54-1 254-224-136
5-85-85-5 219-69-40
④
50-9-84-1 142-185-75
5-85-85-5 219-69-40
3-36-34-0 241-183-158
③
89-12-89-2 0-149-79
5-85-85-5 219-69-40
92-0-20-0 0-165-202
中国红
5-85-85-5
219-69-40
成熟
①
25-85-85-0 194-70-49
24-17-41-3 201-199-157
61-27-53-4 109-152-127
②
16-24-4-0 218-200-220
25-85-85-0 194-70-49
60-70-30-30 98-70-104
④
84-63-32-5 51-91-130
28-30-64-33 150-134-80
25-85-85-0 194-70-49
③
0-50-67-23 204-128-71
25-85-85-0 194-70-49
0-90-97-72 100-1-0
深红
25-85-85-0
194-70-49
高贵
①
0-100-49-30 181-0-62
20-35-55-0 211-173-120
36-91-82-31 137-39-39
②
17-65-90-0 211-114-40
10-25-35-0 231-199-167
0-100-49-30 181-0-62
④
25-70-55-0 195-103-96
0-100-49-30 181-0-62
31-80-0-58 103-31-84
③
0-100-49-30 181-0-62
65-37-20-0 99-141-175
90-90-30-20 47-45-102
酒红
0-100-49-30
181-0-62
坚强
①
14-66-36-30 170-89-99
9-30-65-31 182-146-78
60-100-80-30 102-25-44
②
90-25-85-20 0-119-71
60-100-80-30 102-25-44
82-48-39-0 43-115-138
④
69-70-30-19 90-76-115
14-25-37-39 168-147-123
60-100-80-30 102-25-44
③
67-41-58-25 82-109-94
60-100-80-30 102-25-44
0-100-31-48 149-0-61
浓酒红
60-100-80-30
102-25-44

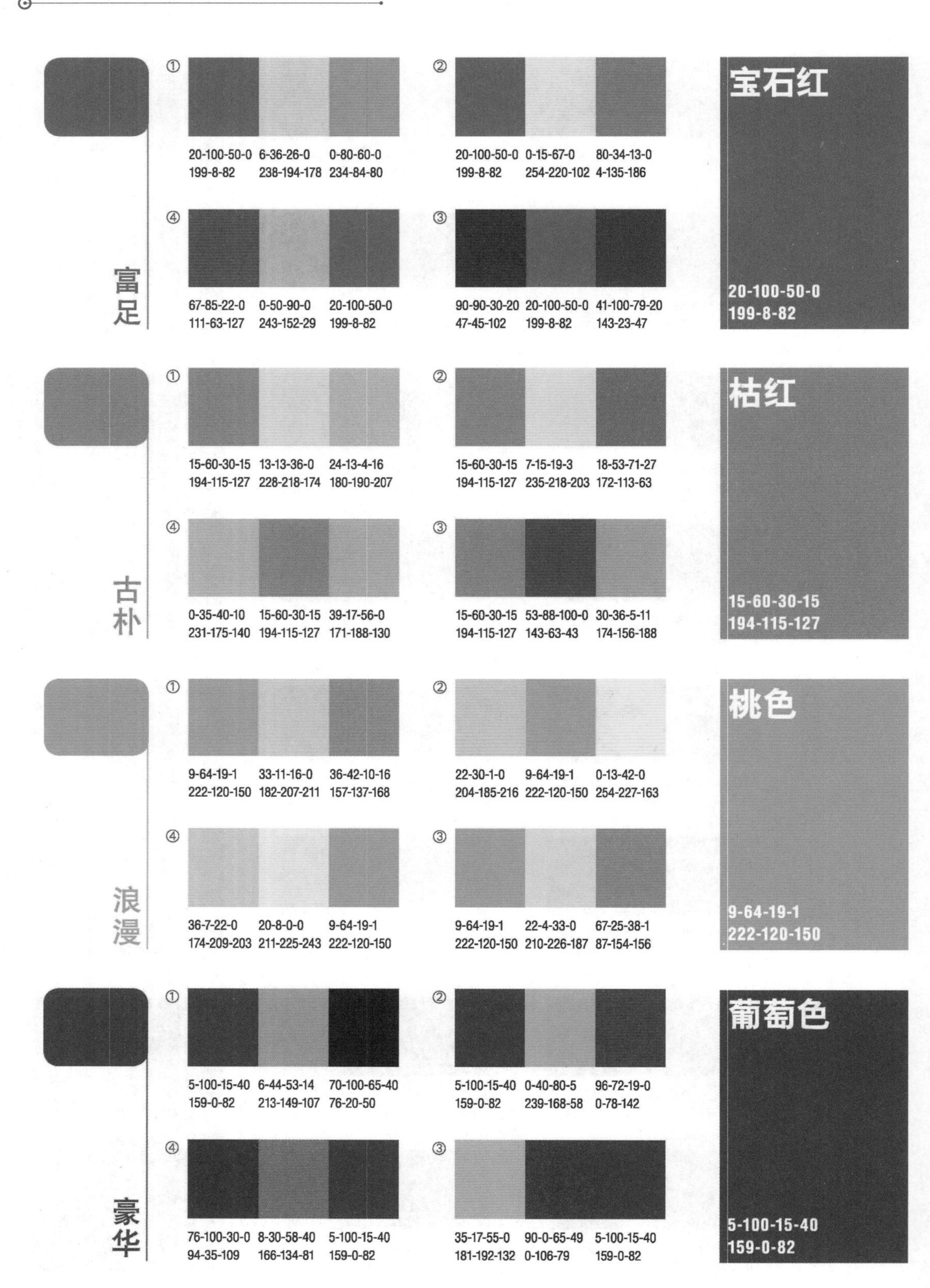
富足
①
20-100-50-0 199-8-82
6-36-26-0 238-194-178
0-80-60-0 234-84-80
②
20-100-50-0 199-8-82
0-15-67-0 254-220-102
80-34-13-0 4-135-186
④
67-85-22-0 111-63-127
0-50-90-0 243-152-29
20-100-50-0 199-8-82
③
90-90-30-20 47-45-102
20-100-50-0 199-8-82
41-100-79-20 143-23-47
宝石红
20-100-50-0
199-8-82
古朴
①
15-60-30-15 194-115-127
13-13-36-0 228-218-174
24-13-4-16 180-190-207
②
15-60-30-15 194-115-127
7-15-19-3 235-218-203
18-53-71-27 172-113-63
④
0-35-40-10 231-175-140
15-60-30-15 194-115-127
39-17-56-0 171-188-130
③
15-60-30-15 194-115-127
53-88-100-0 143-63-43
30-36-5-11 174-156-188
枯红
15-60-30-15
194-115-127
浪漫
①
9-64-19-1 222-120-150
33-11-16-0 182-207-211
36-42-10-16 157-137-168
②
22-30-1-0 204-185-216
9-64-19-1 222-120-150
0-13-42-0 254-227-163
④
36-7-22-0 174-209-203
20-8-0-0 211-225-243
9-64-19-1 222-120-150
③
9-64-19-1 222-120-150
22-4-33-0 210-226-187
67-25-38-1 87-154-156
桃色
9-64-19-1
222-120-150
豪华
①
5-100-15-40 159-0-82
6-44-53-14 213-149-107
70-100-65-40 76-20-50
②
5-100-15-40 159-0-82
0-40-80-5 239-168-58
96-72-19-0 0-78-142
④
76-100-30-0 94-35-109
8-30-58-40 166-134-81
5-100-15-40 159-0-82
③
35-17-55-0 181-192-132
90-0-65-49 0-106-79
5-100-15-40 159-0-82
葡萄色
5-100-15-40
159-0-82

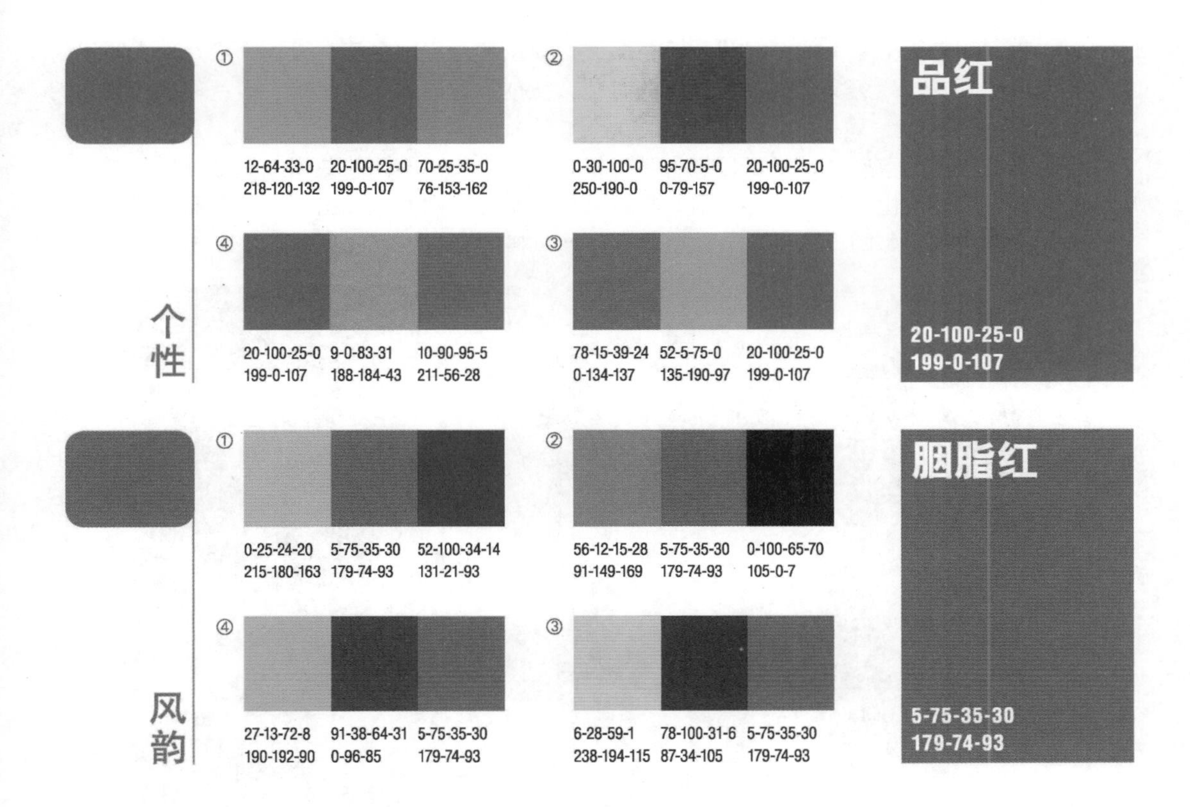

5.2 橙色的情感

在时尚的广阔舞台上，橙色以其明亮、活力四射的特性成为了一种引人注目的颜色。它不仅仅是一种颜色，更是一种情绪的表达，一种态度的展现。橙色结合了红色的温暖和黄色的明朗，它在视觉上给人以积极向上的感觉。在服装设计中，橙色能够提升穿着者的整体气质，使人看起来更有活力和吸引力。无论是作为主色调还是作为点缀色，橙色都能为设计增添一抹亮丽的色彩，如图 5-4 所示。

图 5-4　橙色服装设计

近年来，随着人们审美的多元化，橙色服装逐渐从边缘走向主流。设计师们开始大胆运用橙色，创造出既有现代感又不失经典韵味的时装。从街头时尚到高级定制，橙色都能找到它的一席之地。

橙色具有极高的可塑性，它可以和各种风格相结合，产生不同的效果。例如，橙色与运动风格的结合可以展现出年轻和动感；而与复古风格的结合，则能呈现出一种怀旧而又时尚的气息。设计师们通过巧妙的设计手法，让橙色在不同风格的服装中绽放异彩，如图 5-5 所示。

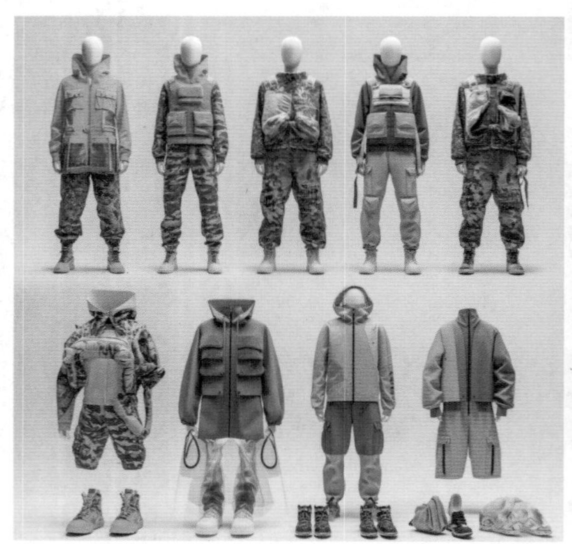
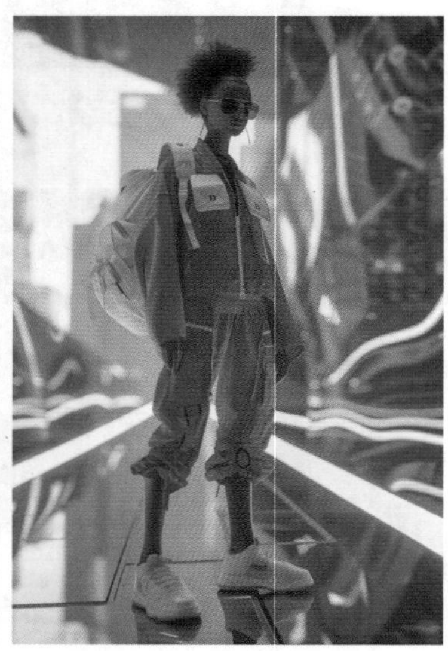

图 5-5　不同风格的橙色服装

在创新设计方面，橙色的应用层出不穷。有的设计师将橙色与科技面料结合，打造出未来感十足的装束；有的则利用橙色的渐变效果，创作出如日落般美丽的礼服。这些创新不仅展示了橙色的多样性，也推动了时尚界对色彩运用的探索，如图 5-6 所示。

图 5-6　橙色晚礼服

橙色服装不仅限于 T 台和时尚杂志，它同样适合日常生活。一件橙色的上衣或一条橙色的裙子，都能够为穿着者的日常生活增添一抹亮色。橙色的活泼特性使得穿着者在人群中脱颖而出，同时传递出积极乐观的生活态度，如图 5-7 所示。

图 5-7　橙色时装秀

配色色谱实例参考：

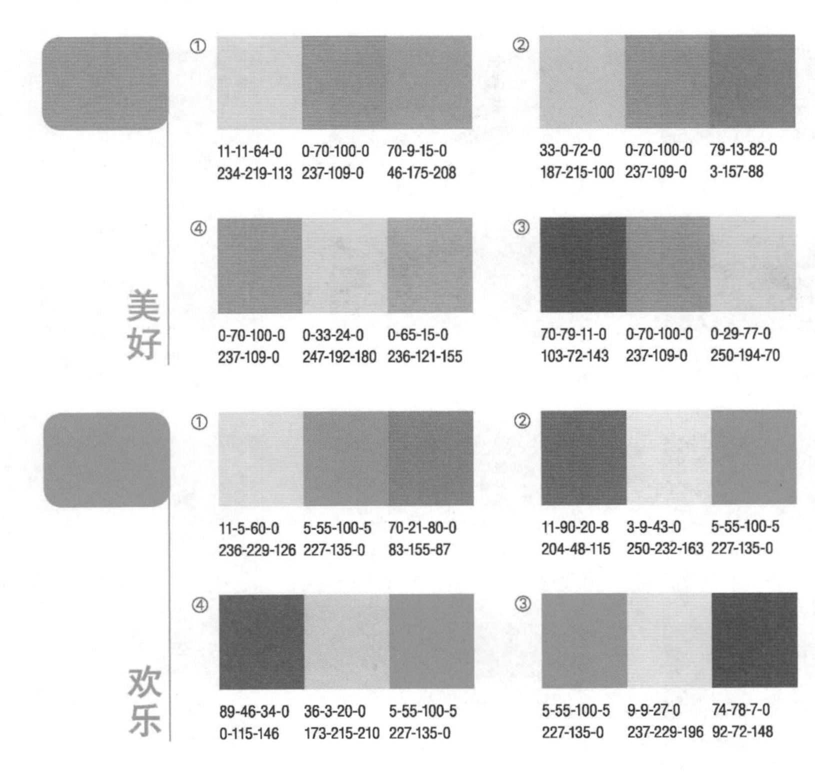

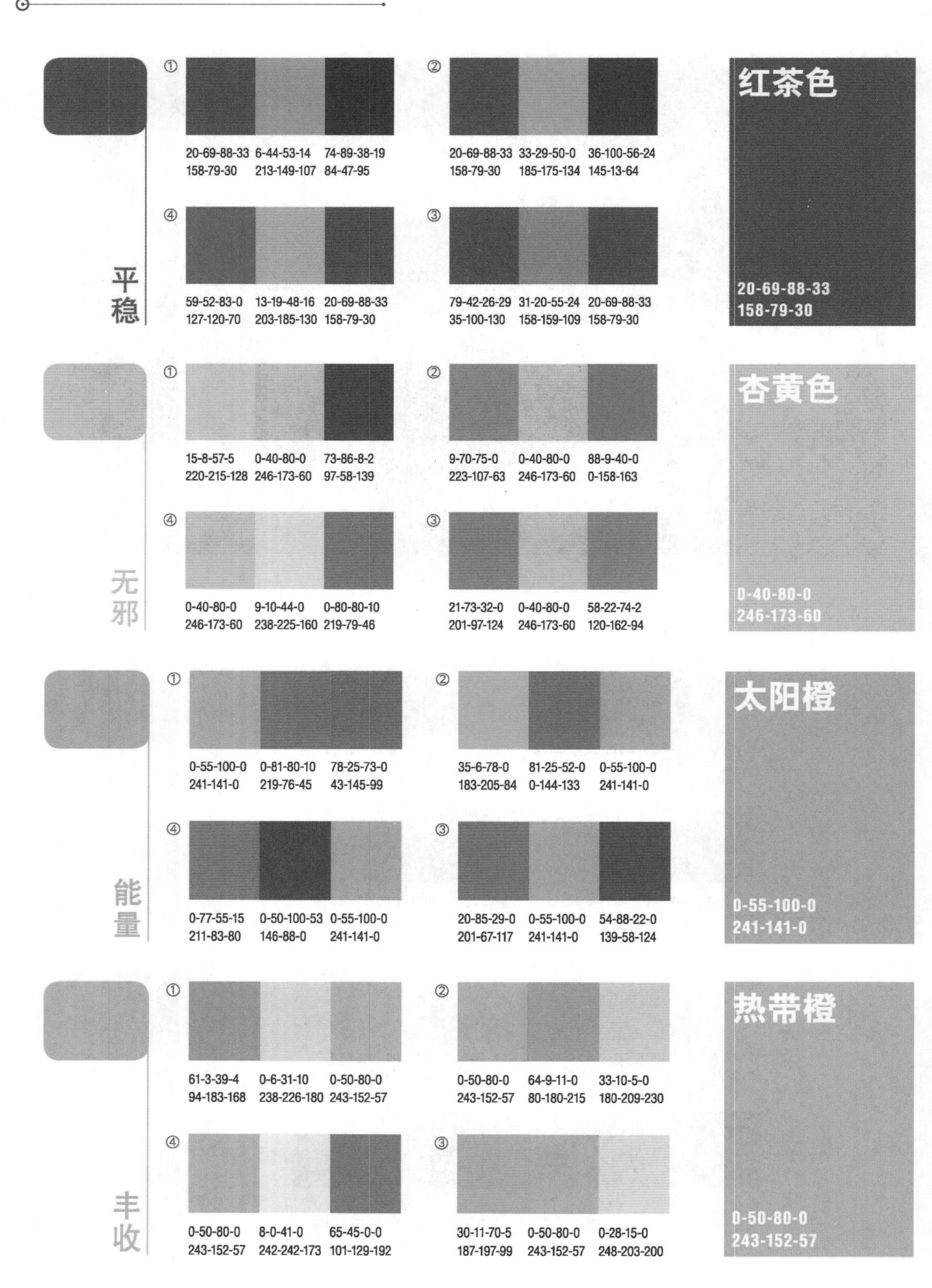

平稳
①
20-69-88-33 6-44-53-14 74-89-38-19
158-79-30 213-149-107 84-47-95
②
20-69-88-33 33-29-50-0 36-100-56-24
158-79-30 185-175-134 145-13-64
④
59-52-83-0 13-19-48-16 20-69-88-33
127-120-70 203-185-130 158-79-30
③
79-42-26-29 31-20-55-24 20-69-88-33
35-100-130 158-159-109 158-79-30
红茶色
20-69-88-33
158-79-30
无邪
①
15-8-57-5 0-40-80-0 73-86-8-2
220-215-128 246-173-60 97-58-139
②
9-70-75-0 0-40-80-0 88-9-40-0
223-107-63 246-173-60 0-158-163
④
0-40-80-0 9-10-44-0 0-80-80-10
246-173-60 238-225-160 219-79-46
③
21-73-32-0 0-40-80-0 58-22-74-2
201-97-124 246-173-60 120-162-94
杏黄色
0-40-80-0
246-173-60
能量
①
0-55-100-0 0-81-80-10 78-25-73-0
241-141-0 219-76-45 43-145-99
②
35-6-78-0 81-25-52-0 0-55-100-0
183-205-84 0-144-133 241-141-0
④
0-77-55-15 0-50-100-53 0-55-100-0
211-83-80 146-88-0 241-141-0
③
20-85-29-0 0-55-100-0 54-88-22-0
201-67-117 241-141-0 139-58-124
太阳橙
0-55-100-0
241-141-0
丰收
①
61-3-39-4 0-6-31-10 0-50-80-0
94-183-168 238-226-180 243-152-57
②
0-50-80-0 64-9-11-0 33-10-5-0
243-152-57 80-180-215 180-209-230
④
0-50-80-0 8-0-41-0 65-45-0-0
243-152-57 242-242-173 101-129-192
③
30-11-70-5 0-50-80-0 0-28-15-0
187-197-99 243-152-57 248-203-200
热带橙
0-50-80-0
243-152-57

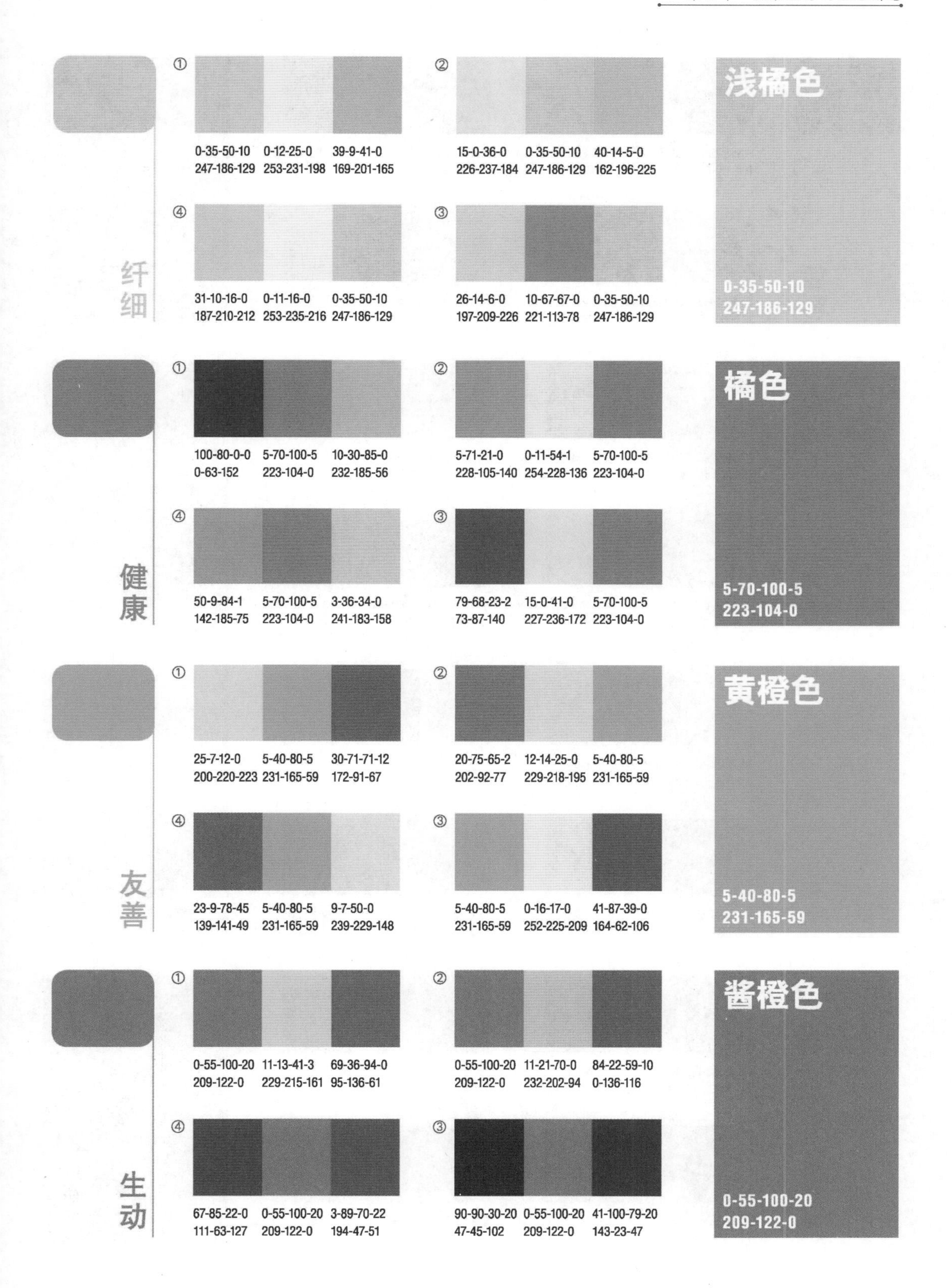
纤细
①
0-35-50-10 247-186-129
0-12-25-0 253-231-198
39-9-41-0 169-201-165
②
15-0-36-0 226-237-184
0-35-50-10 247-186-129
40-14-5-0 162-196-225
④
31-10-16-0 187-210-212
0-11-16-0 253-235-216
0-35-50-10 247-186-129
③
26-14-6-0 197-209-226
10-67-67-0 221-113-78
0-35-50-10 247-186-129
浅橘色
0-35-50-10
247-186-129
健康
①
100-80-0-0 0-63-152
5-70-100-5 223-104-0
10-30-85-0 232-185-56
②
5-71-21-0 228-105-140
0-11-54-1 254-228-136
5-70-100-5 223-104-0
④
50-9-84-1 142-185-75
5-70-100-5 223-104-0
3-36-34-0 241-183-158
③
79-68-23-2 73-87-140
15-0-41-0 227-236-172
5-70-100-5 223-104-0
橘色
5-70-100-5
223-104-0
友善
①
25-7-12-0 200-220-223
5-40-80-5 231-165-59
30-71-71-12 172-91-67
②
20-75-65-2 202-92-77
12-14-25-0 229-218-195
5-40-80-5 231-165-59
④
23-9-78-45 139-141-49
5-40-80-5 231-165-59
9-7-50-0 239-229-148
③
5-40-80-5 231-165-59
0-16-17-0 252-225-209
41-87-39-0 164-62-106
黄橙色
5-40-80-5
231-165-59
生动
①
0-55-100-20 209-122-0
11-13-41-3 229-215-161
69-36-94-0 95-136-61
②
0-55-100-20 209-122-0
11-21-70-0 232-202-94
84-22-59-10 0-136-116
④
67-85-22-0 111-63-127
0-55-100-20 209-122-0
3-89-70-22 194-47-51
③
90-90-30-20 47-45-102
0-55-100-20 209-122-0
41-100-79-20 143-23-47
酱橙色
0-55-100-20
209-122-0

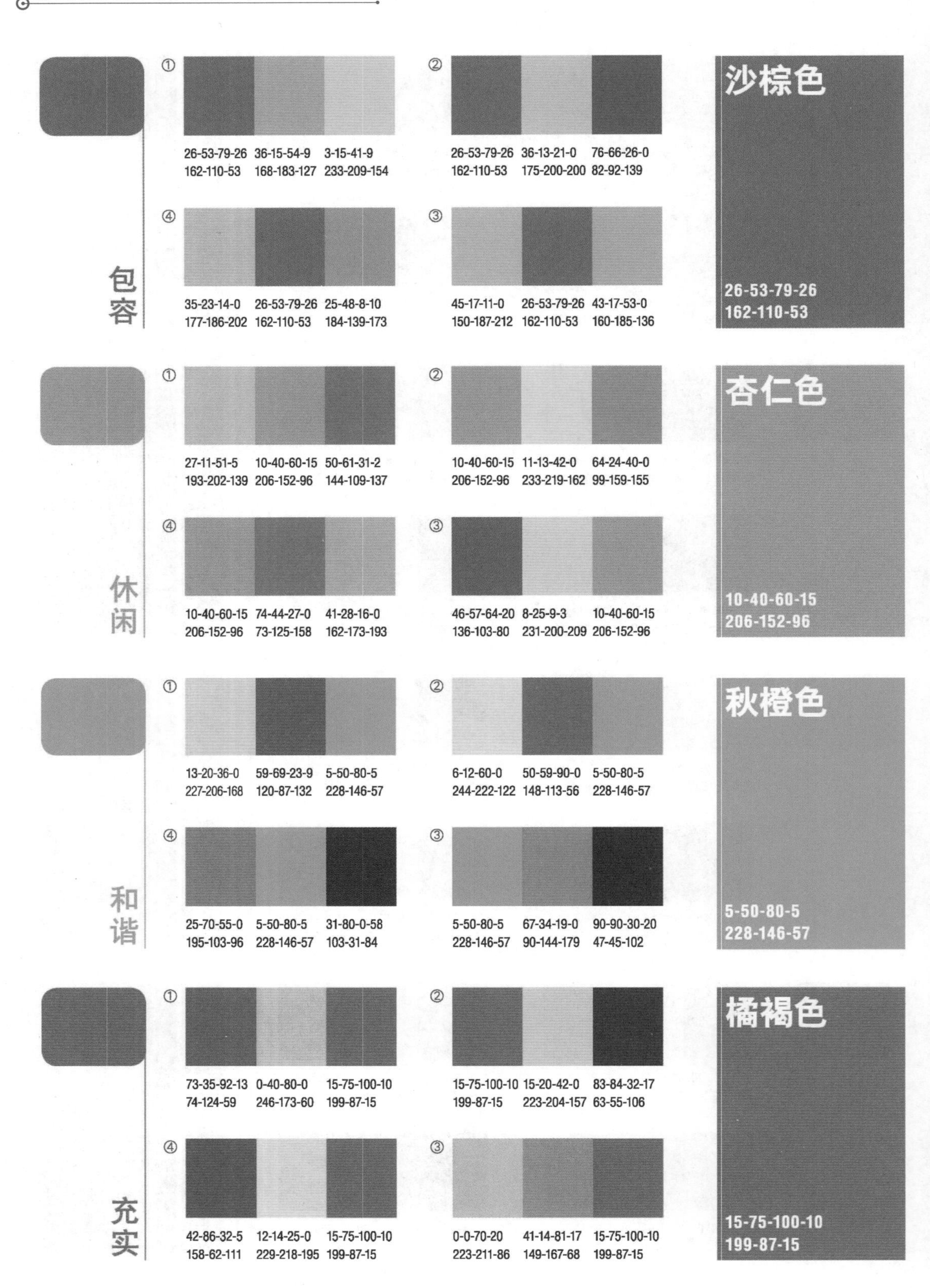
沙棕色
26-53-79-26
162-110-53
包容
①
26-53-79-26 36-15-54-9 3-15-41-9
162-110-53 168-183-127 233-209-154
②
26-53-79-26 36-13-21-0 76-66-26-0
162-110-53 175-200-200 82-92-139
③
45-17-11-0 26-53-79-26 43-17-53-0
150-187-212 162-110-53 160-185-136
④
35-23-14-0 26-53-79-26 25-48-8-10
177-186-202 162-110-53 184-139-173
杏仁色
10-40-60-15
206-152-96
休闲
①
27-11-51-5 10-40-60-15 50-61-31-2
193-202-139 206-152-96 144-109-137
②
10-40-60-15 11-13-42-0 64-24-40-0
206-152-96 233-219-162 99-159-155
③
46-57-64-20 8-25-9-3 10-40-60-15
136-103-80 231-200-209 206-152-96
④
10-40-60-15 74-44-27-0 41-28-16-0
206-152-96 73-125-158 162-173-193
秋橙色
5-50-80-5
228-146-57
和谐
①
13-20-36-0 59-69-23-9 5-50-80-5
227-206-168 120-87-132 228-146-57
②
6-12-60-0 50-59-90-0 5-50-80-5
244-222-122 148-113-56 228-146-57
③
5-50-80-5 67-34-19-0 90-90-30-20
228-146-57 90-144-179 47-45-102
④
25-70-55-0 5-50-80-5 31-80-0-58
195-103-96 228-146-57 103-31-84
橘褐色
15-75-100-10
199-87-15
充实
①
73-35-92-13 0-40-80-0 15-75-100-10
74-124-59 246-173-60 199-87-15
②
15-75-100-10 15-20-42-0 83-84-32-17
199-87-15 223-204-157 63-55-106
③
0-0-70-20 41-14-81-17 15-75-100-10
223-211-86 149-167-68 199-87-15
④
42-86-32-5 12-14-25-0 15-75-100-10
158-62-111 229-218-195 199-87-15

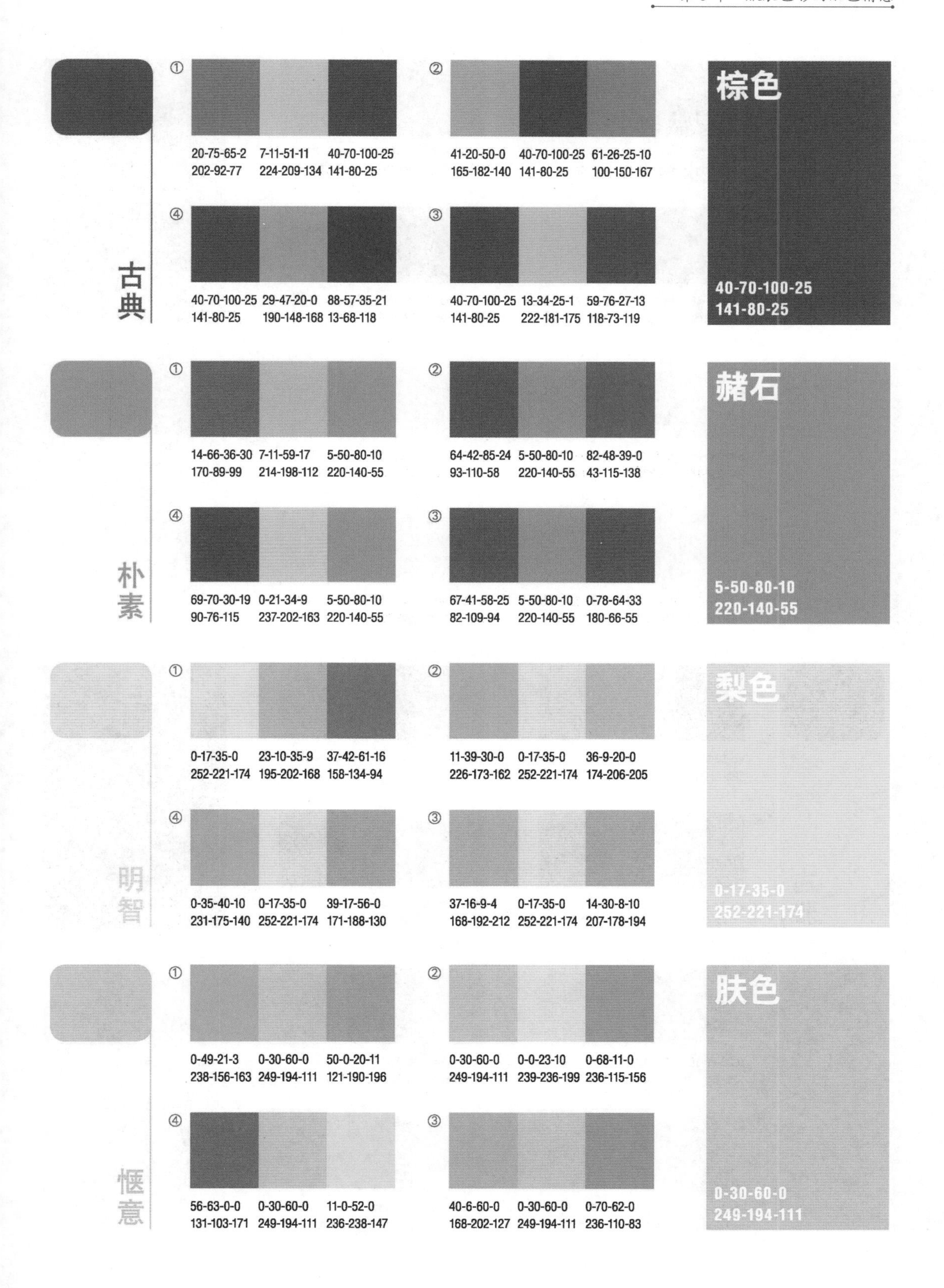
古典
①
20-75-65-2 202-92-77
7-11-51-11 224-209-134
40-70-100-25 141-80-25
②
41-20-50-0 165-182-140
40-70-100-25 141-80-25
61-26-25-10 100-150-167
④
40-70-100-25 141-80-25
29-47-20-0 190-148-168
88-57-35-21 13-68-118
③
40-70-100-25 141-80-25
13-34-25-1 222-181-175
59-76-27-13 118-73-119
棕色
40-70-100-25
141-80-25
朴素
①
14-66-36-30 170-89-99
7-11-59-17 214-198-112
5-50-80-10 220-140-55
②
64-42-85-24 93-110-58
5-50-80-10 220-140-55
82-48-39-0 43-115-138
④
69-70-30-19 90-76-115
0-21-34-9 237-202-163
5-50-80-10 220-140-55
③
67-41-58-25 82-109-94
5-50-80-10 220-140-55
0-78-64-33 180-66-55
赭石
5-50-80-10
220-140-55
明智
①
0-17-35-0 252-221-174
23-10-35-9 195-202-168
37-42-61-16 158-134-94
②
11-39-30-0 226-173-162
0-17-35-0 252-221-174
36-9-20-0 174-206-205
④
0-35-40-10 231-175-140
0-17-35-0 252-221-174
39-17-56-0 171-188-130
③
37-16-9-4 168-192-212
0-17-35-0 252-221-174
14-30-8-10 207-178-194
梨色
0-17-35-0
252-221-174
惬意
①
0-49-21-3 238-156-163
0-30-60-0 249-194-111
50-0-20-11 121-190-196
②
0-30-60-0 249-194-111
0-0-23-10 239-236-199
0-68-11-0 236-115-156
④
56-63-0-0 131-103-171
0-30-60-0 249-194-111
11-0-52-0 236-238-147
③
40-6-60-0 168-202-127
0-30-60-0 249-194-111
0-70-62-0 236-110-83
肤色
0-30-60-0
249-194-111

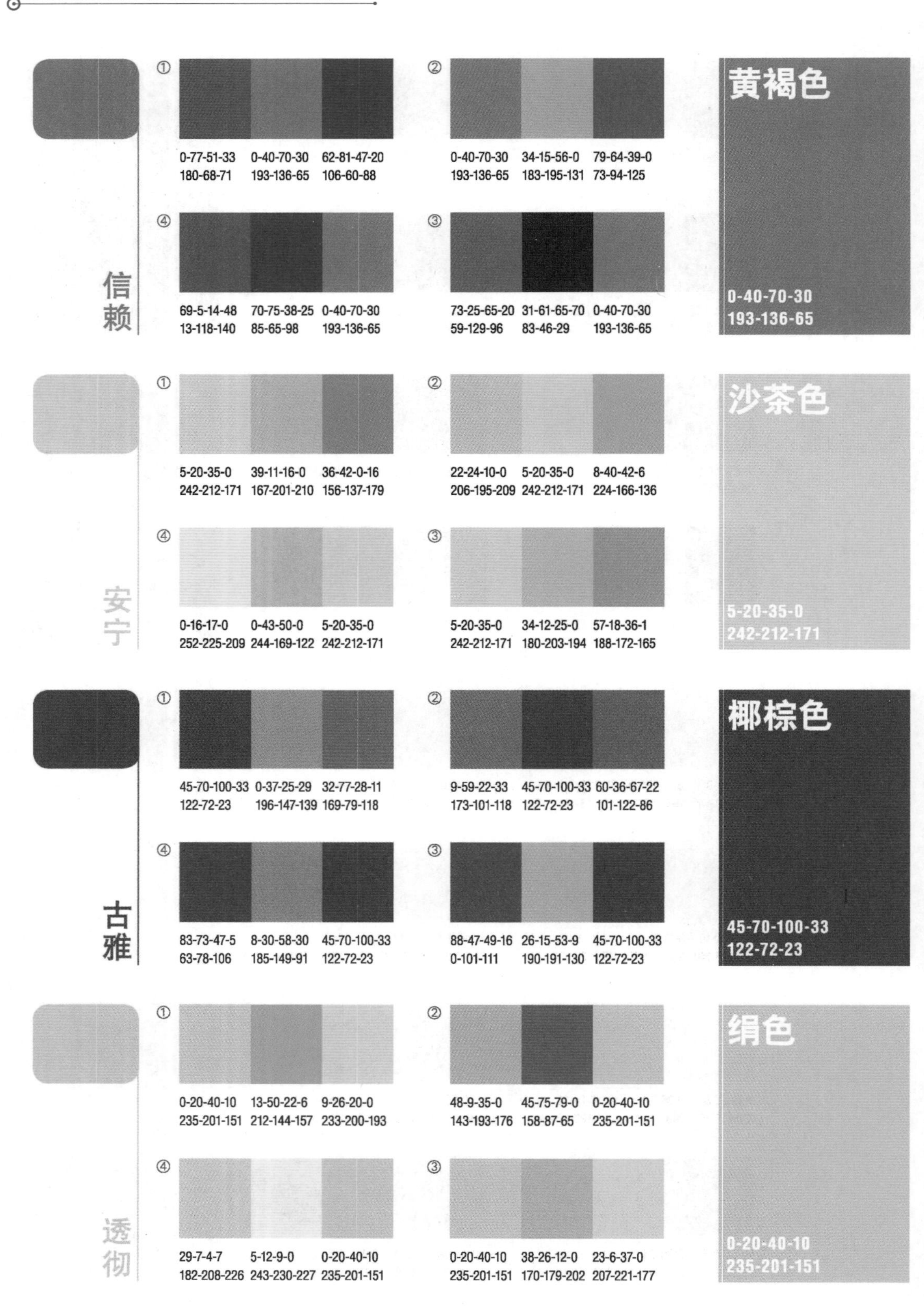
信赖
①
0-77-51-33 180-68-71
0-40-70-30 193-136-65
62-81-47-20 106-60-88
②
0-40-70-30 193-136-65
34-15-56-0 183-195-131
79-64-39-0 73-94-125
④
69-5-14-48 13-118-140
70-75-38-25 85-65-98
0-40-70-30 193-136-65
③
73-25-65-20 59-129-96
31-61-65-70 83-46-29
0-40-70-30 193-136-65
黄褐色
0-40-70-30
193-136-65
安宁
①
5-20-35-0 242-212-171
39-11-16-0 167-201-210
36-42-0-16 156-137-179
②
22-24-10-0 206-195-209
5-20-35-0 242-212-171
8-40-42-6 224-166-136
④
0-16-17-0 252-225-209
0-43-50-0 244-169-122
5-20-35-0 242-212-171
③
5-20-35-0 242-212-171
34-12-25-0 180-203-194
57-18-36-1 188-172-165
沙茶色
5-20-35-0
242-212-171
古雅
①
45-70-100-33 122-72-23
0-37-25-29 196-147-139
32-77-28-11 169-79-118
②
9-59-22-33 173-101-118
45-70-100-33 122-72-23
60-36-67-22 101-122-86
④
83-73-47-5 63-78-106
8-30-58-30 185-149-91
45-70-100-33 122-72-23
③
88-47-49-16 0-101-111
26-15-53-9 190-191-130
45-70-100-33 122-72-23
椰棕色
45-70-100-33
122-72-23
透彻
①
0-20-40-10 235-201-151
13-50-22-6 212-144-157
9-26-20-0 233-200-193
②
48-9-35-0 143-193-176
45-75-79-0 158-87-65
0-20-40-10 235-201-151
④
29-7-4-7 182-208-226
5-12-9-0 243-230-227
0-20-40-10 235-201-151
③
0-20-40-10 235-201-151
38-26-12-0 170-179-202
23-6-37-0 207-221-177
绢色
0-20-40-10
235-201-151

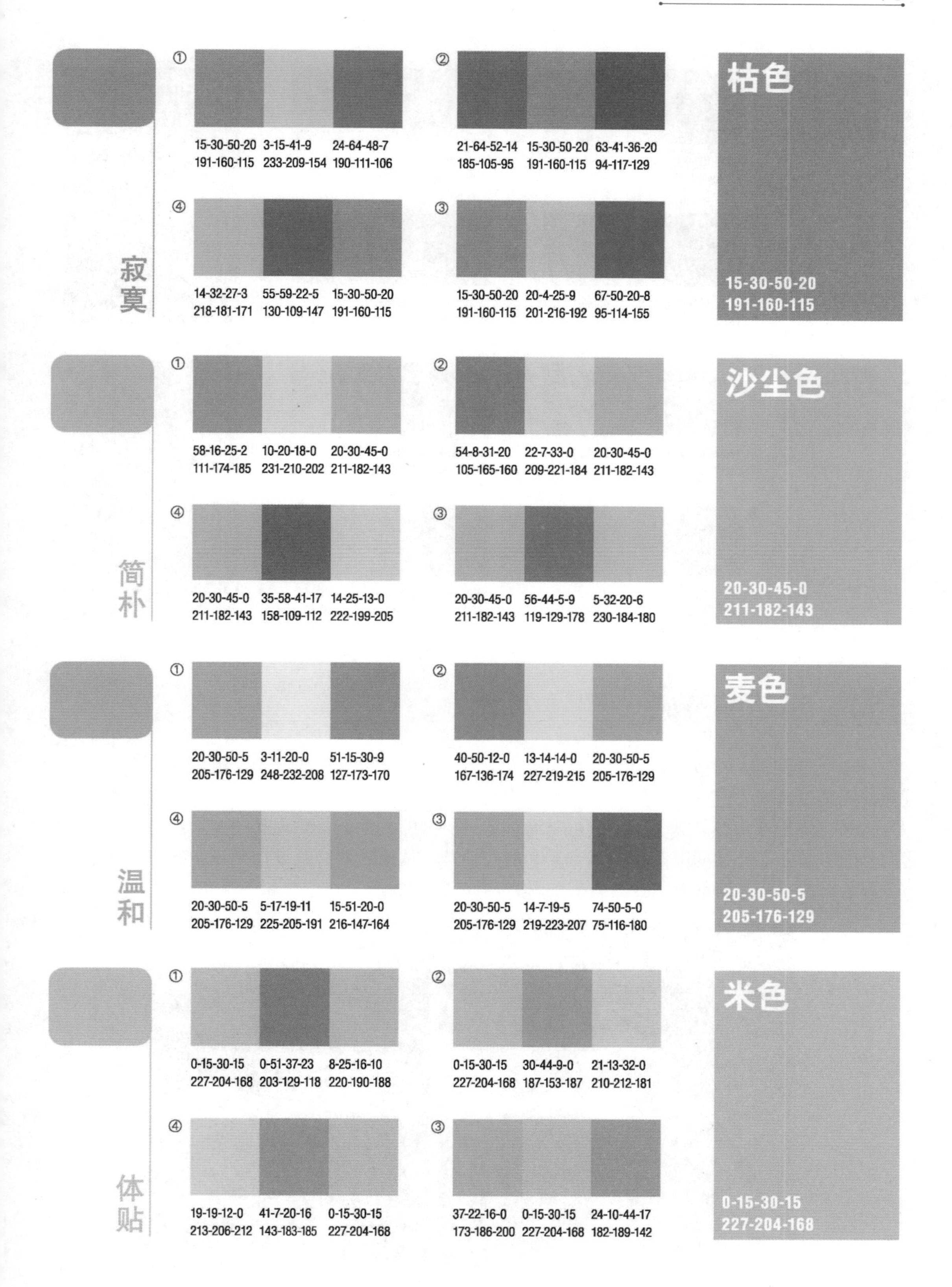

寂寞
①
15-30-50-20 191-160-115
3-15-41-9 233-209-154
24-64-48-7 190-111-106
②
21-64-52-14 185-105-95
15-30-50-20 191-160-115
63-41-36-20 94-117-129
④
14-32-27-3 218-181-171
55-59-22-5 130-109-147
15-30-50-20 191-160-115
③
15-30-50-20 191-160-115
20-4-25-9 201-216-192
67-50-20-8 95-114-155
枯色
15-30-50-20
191-160-115
简朴
①
58-16-25-2 111-174-185
10-20-18-0 231-210-202
20-30-45-0 211-182-143
②
54-8-31-20 105-165-160
22-7-33-0 209-221-184
20-30-45-0 211-182-143
④
20-30-45-0 211-182-143
35-58-41-17 158-109-112
14-25-13-0 222-199-205
③
20-30-45-0 211-182-143
56-44-5-9 119-129-178
5-32-20-6 230-184-180
沙尘色
20-30-45-0
211-182-143
温和
①
20-30-50-5 205-176-129
3-11-20-0 248-232-208
51-15-30-9 127-173-170
②
40-50-12-0 167-136-174
13-14-14-0 227-219-215
20-30-50-5 205-176-129
④
20-30-50-5 205-176-129
5-17-19-11 225-205-191
15-51-20-0 216-147-164
③
20-30-50-5 205-176-129
14-7-19-5 219-223-207
74-50-5-0 75-116-180
麦色
20-30-50-5
205-176-129
体贴
①
0-15-30-15 227-204-168
0-51-37-23 203-129-118
8-25-16-10 220-190-188
②
0-15-30-15 227-204-168
30-44-9-0 187-153-187
21-13-32-0 210-212-181
④
19-19-12-0 213-206-212
41-7-20-16 143-183-185
0-15-30-15 227-204-168
③
37-22-16-0 173-186-200
0-15-30-15 227-204-168
24-10-44-17 182-189-142
米色
0-15-30-15
227-204-168

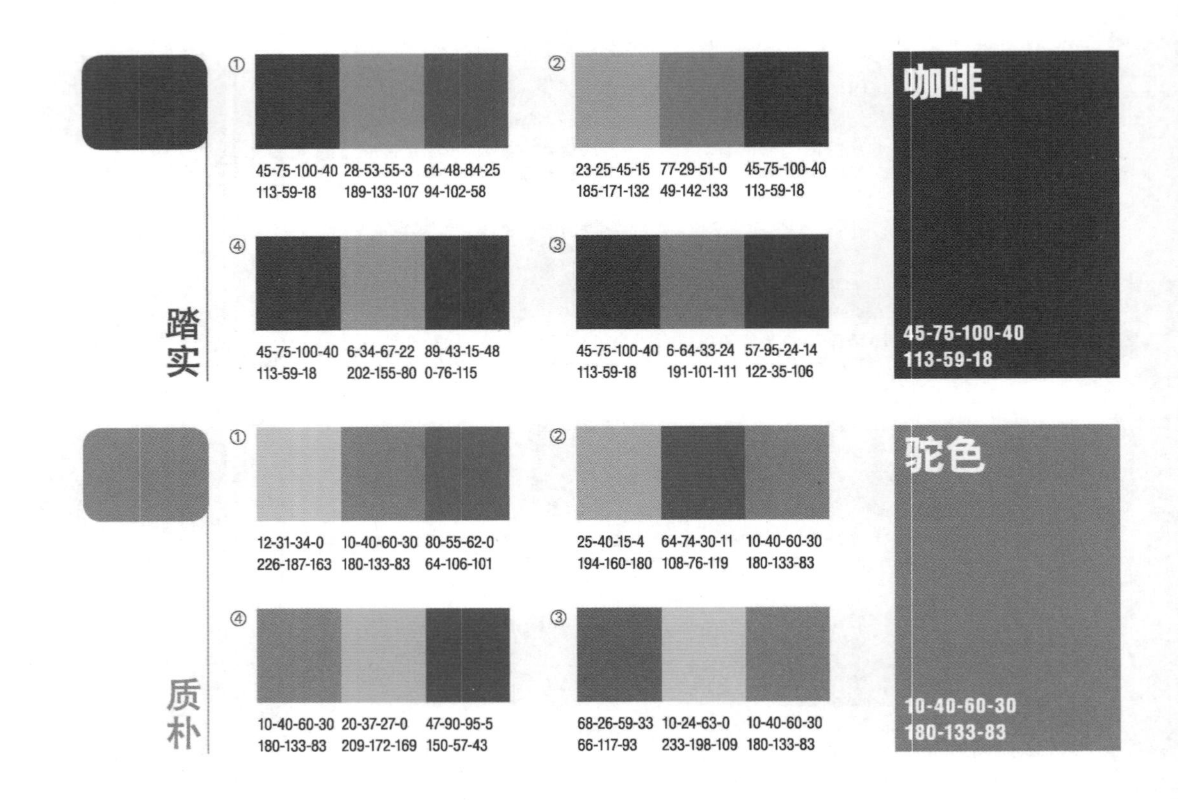

5.3 黄色的情感

在众多色彩中，黄色是一种独特而引人注目的存在，它象征着阳光、活力和希望，能够为任何服装设计增添一抹明亮的色彩。黄色服装设计之所以受到众多人的喜爱，很大程度上是因为它独特的创意和魅力。设计师们可以通过运用不同的黄色调、纹理和图案，创造出各种风格迥异的服装作品。从明亮的柠檬黄到柔和的奶油黄，从简约的纯色设计到复杂的印花图案，黄色服装总能以其独特的魅力吸引人们的目光，如图 5-8 所示。

图 5-8　黄色服装的效果

黄色服装还具有很好的搭配性。无论是与深色系还是与浅色系的服装搭配，都能产生出意想不到的效果。例如，一件黄色上衣搭配黑色裤子，可以营造出一种时尚而干练的形象；而一件黄色连衣裙则能展现出女性的优雅和柔美，如图 5-9 所示。

图 5-9　黄黑搭配效果

在现代服装设计中，创新是不可或缺的一部分。对于黄色服装而言，设计师们也在不断尝试将新的元素融入设计中。例如，一些设计师会运用立体剪裁技术，使黄色服装更加贴合人体曲线，展现出更加完美的身材比例。还有一些设计师则会通过拼接、刺绣等手法，为黄色服装增添更多的细节和层次感，如图 5-10 所示。

图 5-10　黄色服装的创新设计

随着环保意识的提高，越来越多的设计师开始关注可持续时尚。他们会选择使用环保材料来制作黄色服装，如有机棉、再生纤维等，既保证了服装的质量，又减少了对环境的影响，如图 5-11 所示。

图 5-11　黄色调的特殊材料服装设计

配色色谱实例参考：

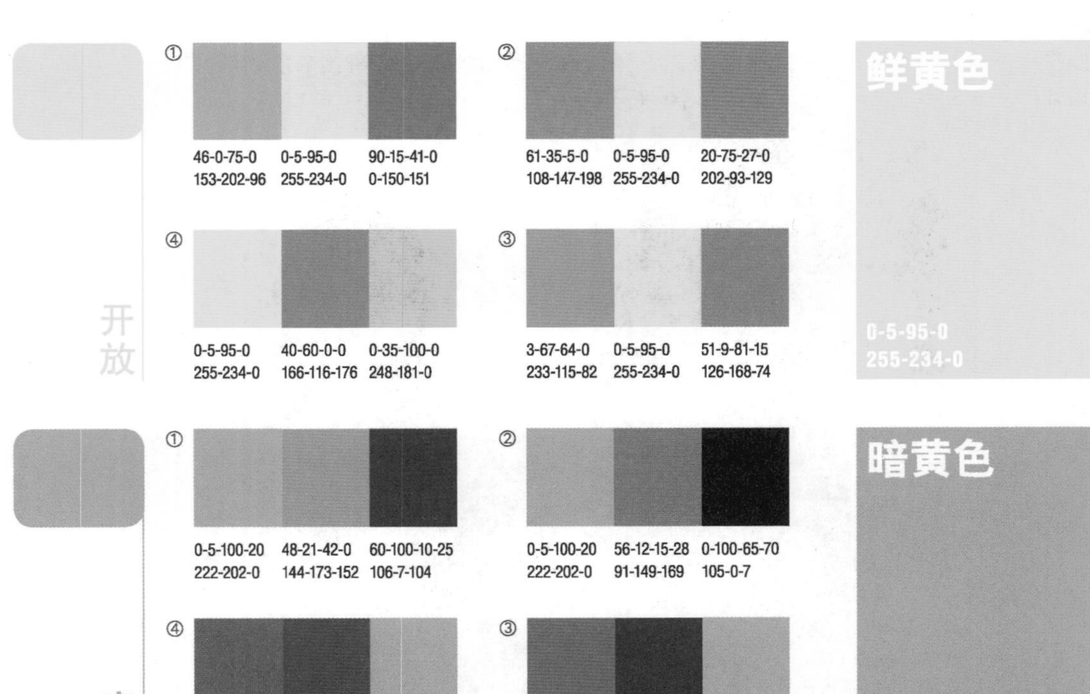

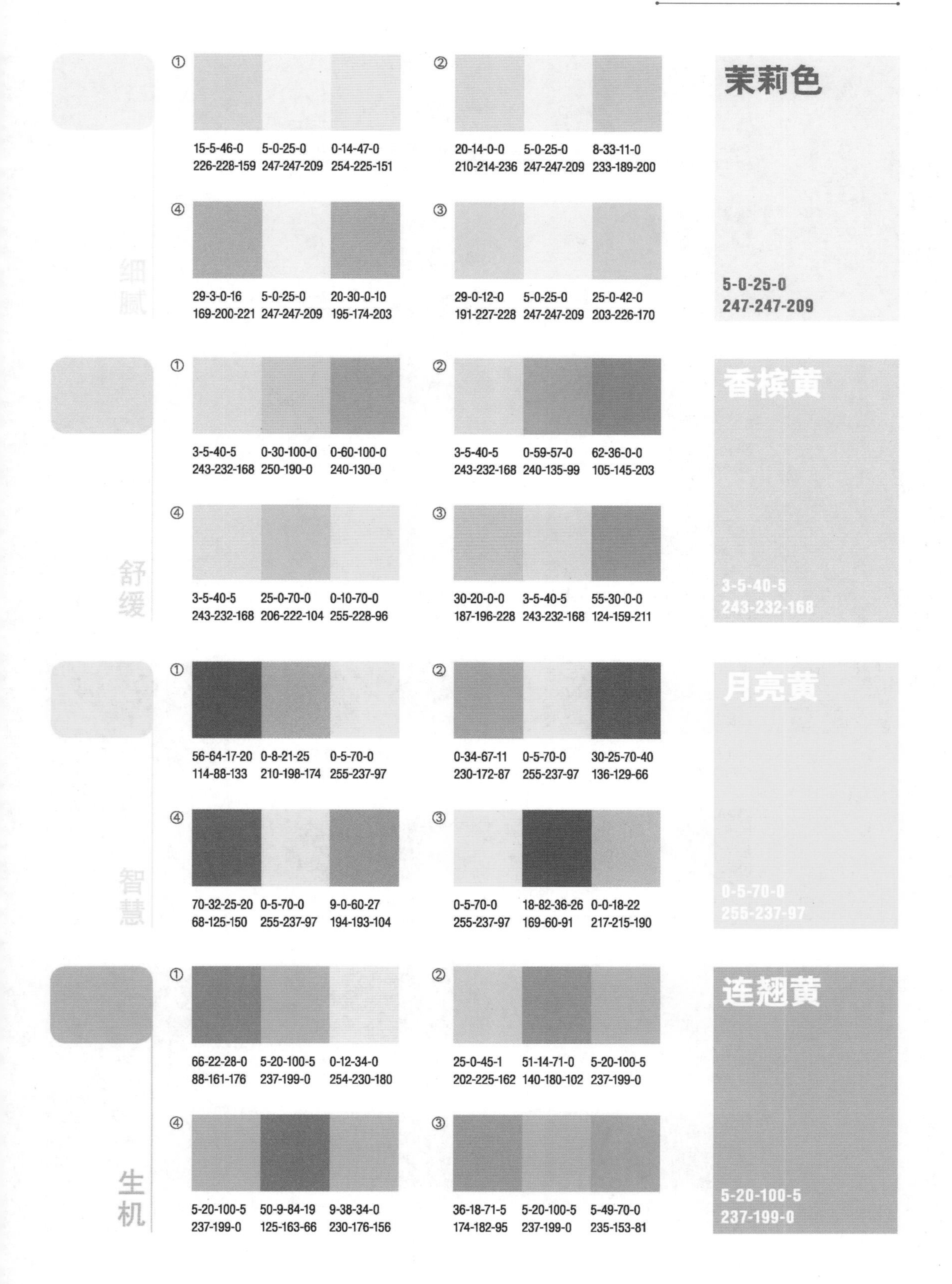
细腻
①
15-5-46-0 226-228-159
5-0-25-0 247-247-209
0-14-47-0 254-225-151
②
20-14-0-0 210-214-236
5-0-25-0 247-247-209
8-33-11-0 233-189-200
④
29-3-0-16 169-200-221
5-0-25-0 247-247-209
20-30-0-10 195-174-203
③
29-0-12-0 191-227-228
5-0-25-0 247-247-209
25-0-42-0 203-226-170
茉莉色
5-0-25-0
247-247-209
舒缓
①
3-5-40-5 243-232-168
0-30-100-0 250-190-0
0-60-100-0 240-130-0
②
3-5-40-5 243-232-168
0-59-57-0 240-135-99
62-36-0-0 105-145-203
④
3-5-40-5 243-232-168
25-0-70-0 206-222-104
0-10-70-0 255-228-96
③
30-20-0-0 187-196-228
3-5-40-5 243-232-168
55-30-0-0 124-159-211
香槟黄
3-5-40-5
243-232-168
智慧
①
56-64-17-20 114-88-133
0-8-21-25 210-198-174
0-5-70-0 255-237-97
②
0-34-67-11 230-172-87
0-5-70-0 255-237-97
30-25-70-40 136-129-66
④
70-32-25-20 68-125-150
0-5-70-0 255-237-97
9-0-60-27 194-193-104
③
0-5-70-0 255-237-97
18-82-36-26 169-60-91
0-0-18-22 217-215-190
月亮黄
0-5-70-0
255-237-97
生机
①
66-22-28-0 88-161-176
5-20-100-5 237-199-0
0-12-34-0 254-230-180
②
25-0-45-1 202-225-162
51-14-71-0 140-180-102
5-20-100-5 237-199-0
④
5-20-100-5 237-199-0
50-9-84-19 125-163-66
9-38-34-0 230-176-156
③
36-18-71-5 174-182-95
5-20-100-5 237-199-0
5-49-70-0 235-153-81
连翘黄
5-20-100-5
237-199-0

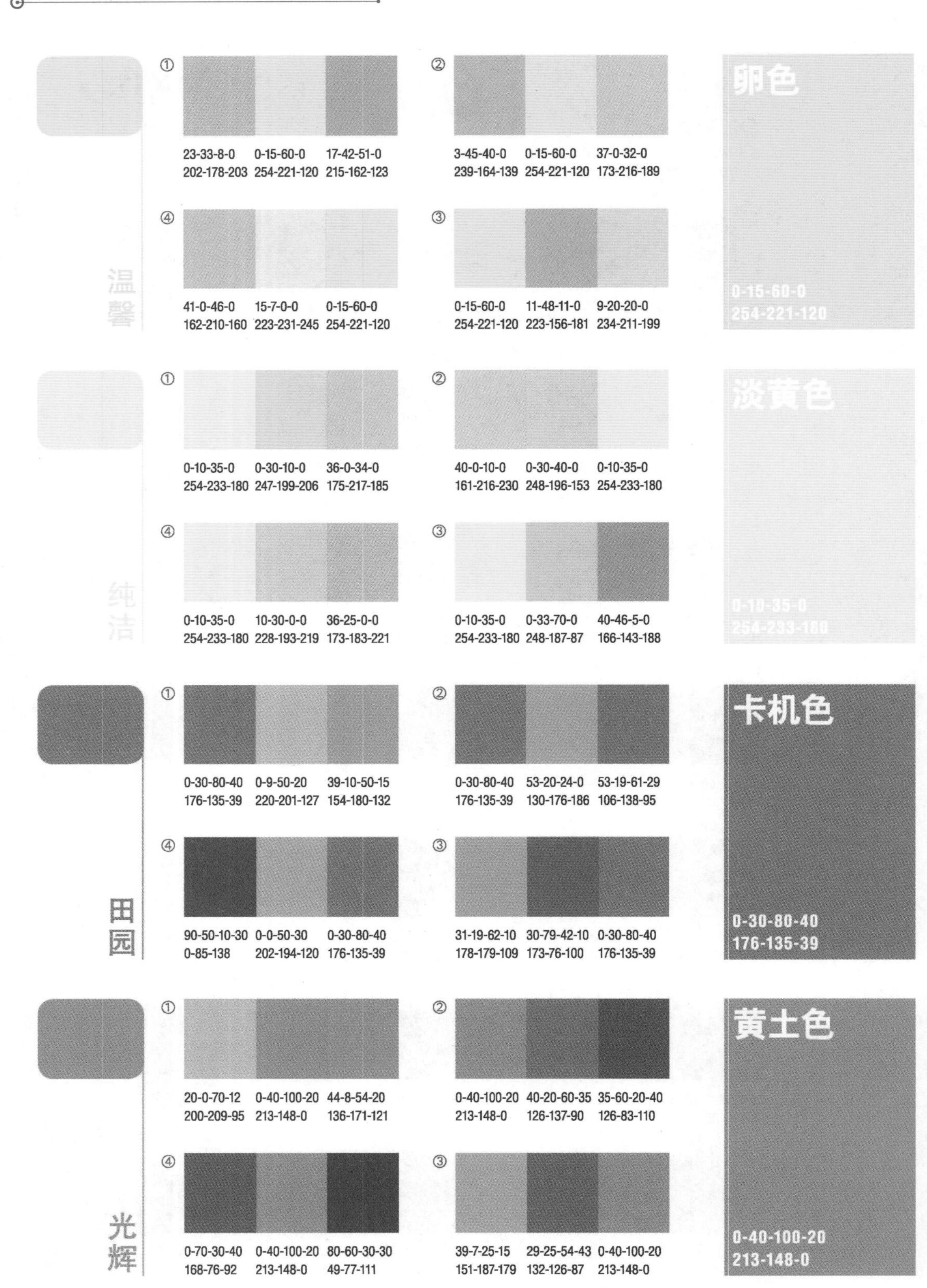
温馨
①
23-33-8-0 0-15-60-0 17-42-51-0
202-178-203 254-221-120 215-162-123
②
3-45-40-0 0-15-60-0 37-0-32-0
239-164-139 254-221-120 173-216-189
④
41-0-46-0 15-7-0-0 0-15-60-0
162-210-160 223-231-245 254-221-120
③
0-15-60-0 11-48-11-0 9-20-20-0
254-221-120 223-156-181 234-211-199
卵色
0-15-60-0
254-221-120
纯洁
①
0-10-35-0 0-30-10-0 36-0-34-0
254-233-180 247-199-206 175-217-185
②
40-0-10-0 0-30-40-0 0-10-35-0
161-216-230 248-196-153 254-233-180
④
0-10-35-0 10-30-0-0 36-25-0-0
254-233-180 228-193-219 173-183-221
③
0-10-35-0 0-33-70-0 40-46-5-0
254-233-180 248-187-87 166-143-188
淡黄色
0-10-35-0
254-233-180
田园
①
0-30-80-40 0-9-50-20 39-10-50-15
176-135-39 220-201-127 154-180-132
②
0-30-80-40 53-20-24-0 53-19-61-29
176-135-39 130-176-186 106-138-95
④
90-50-10-30 0-0-50-30 0-30-80-40
0-85-138 202-194-120 176-135-39
③
31-19-62-10 30-79-42-10 0-30-80-40
178-179-109 173-76-100 176-135-39
卡机色
0-30-80-40
176-135-39
光辉
①
20-0-70-12 0-40-100-20 44-8-54-20
200-209-95 213-148-0 136-171-121
②
0-40-100-20 40-20-60-35 35-60-20-40
213-148-0 126-137-90 126-83-110
④
0-70-30-40 0-40-100-20 80-60-30-30
168-76-92 213-148-0 49-77-111
③
39-7-25-15 29-25-54-43 0-40-100-20
151-187-179 132-126-87 213-148-0
黄土色
0-40-100-20
213-148-0

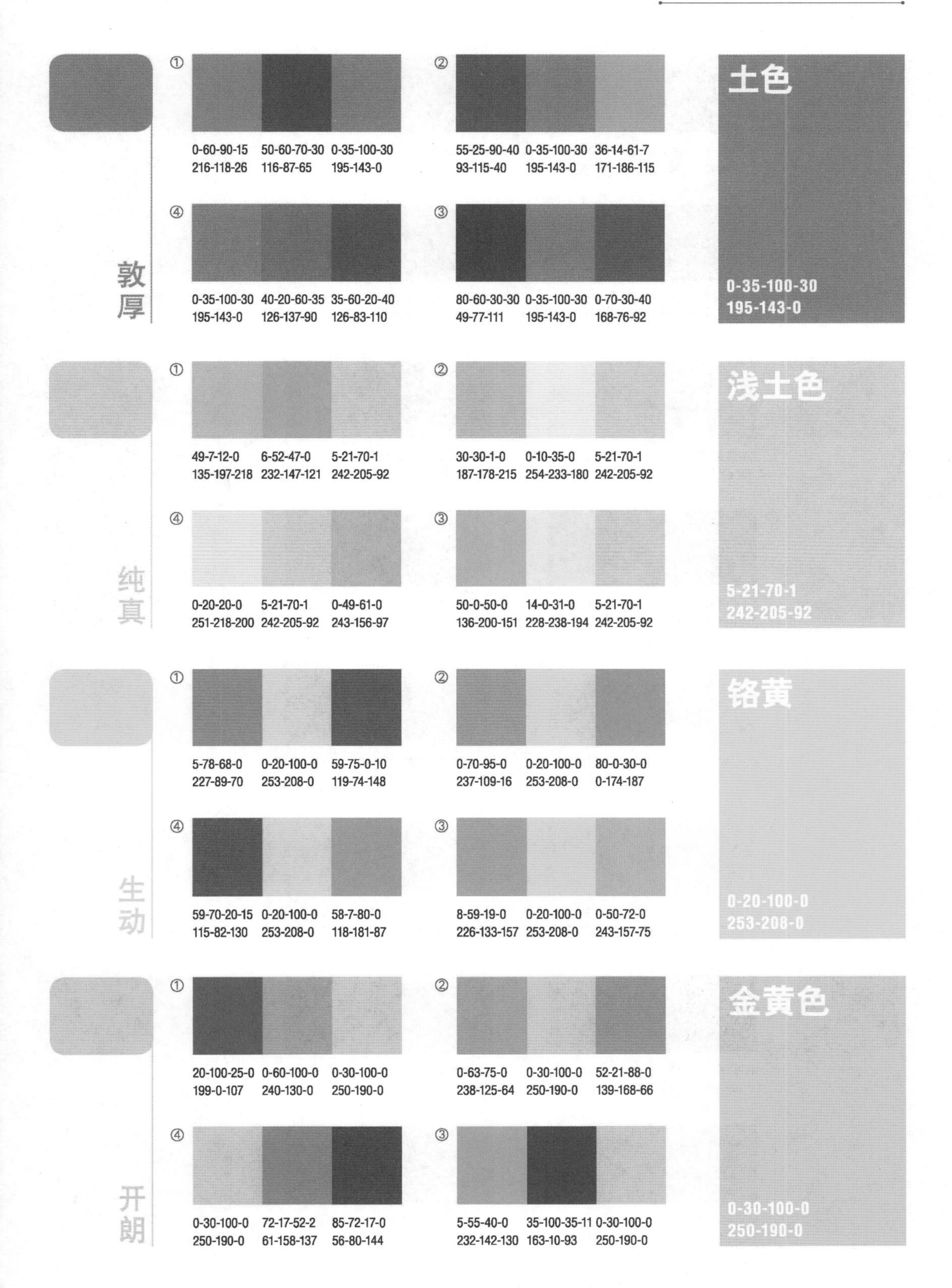
敦厚
①
0-60-90-15 216-118-26
50-60-70-30 116-87-65
0-35-100-30 195-143-0
②
55-25-90-40 93-115-40
0-35-100-30 195-143-0
36-14-61-7 171-186-115
④
0-35-100-30 195-143-0
40-20-60-35 126-137-90
35-60-20-40 126-83-110
③
80-60-30-30 49-77-111
0-35-100-30 195-143-0
0-70-30-40 168-76-92
土色
0-35-100-30
195-143-0
纯真
①
49-7-12-0 135-197-218
6-52-47-0 232-147-121
5-21-70-1 242-205-92
②
30-30-1-0 187-178-215
0-10-35-0 254-233-180
5-21-70-1 242-205-92
④
0-20-20-0 251-218-200
5-21-70-1 242-205-92
0-49-61-0 243-156-97
③
50-0-50-0 136-200-151
14-0-31-0 228-238-194
5-21-70-1 242-205-92
浅土色
5-21-70-1
242-205-92
生动
①
5-78-68-0 227-89-70
0-20-100-0 253-208-0
59-75-0-10 119-74-148
②
0-70-95-0 237-109-16
0-20-100-0 253-208-0
80-0-30-0 0-174-187
④
59-70-20-15 115-82-130
0-20-100-0 253-208-0
58-7-80-0 118-181-87
③
8-59-19-0 226-133-157
0-20-100-0 253-208-0
0-50-72-0 243-157-75
铬黄
0-20-100-0
253-208-0
开朗
①
20-100-25-0 199-0-107
0-60-100-0 240-130-0
0-30-100-0 250-190-0
②
0-63-75-0 238-125-64
0-30-100-0 250-190-0
52-21-88-0 139-168-66
④
0-30-100-0 250-190-0
72-17-52-2 61-158-137
85-72-17-0 56-80-144
③
5-55-40-0 232-142-130
35-100-35-11 163-10-93
0-30-100-0 250-190-0
金黄色
0-30-100-0
250-190-0

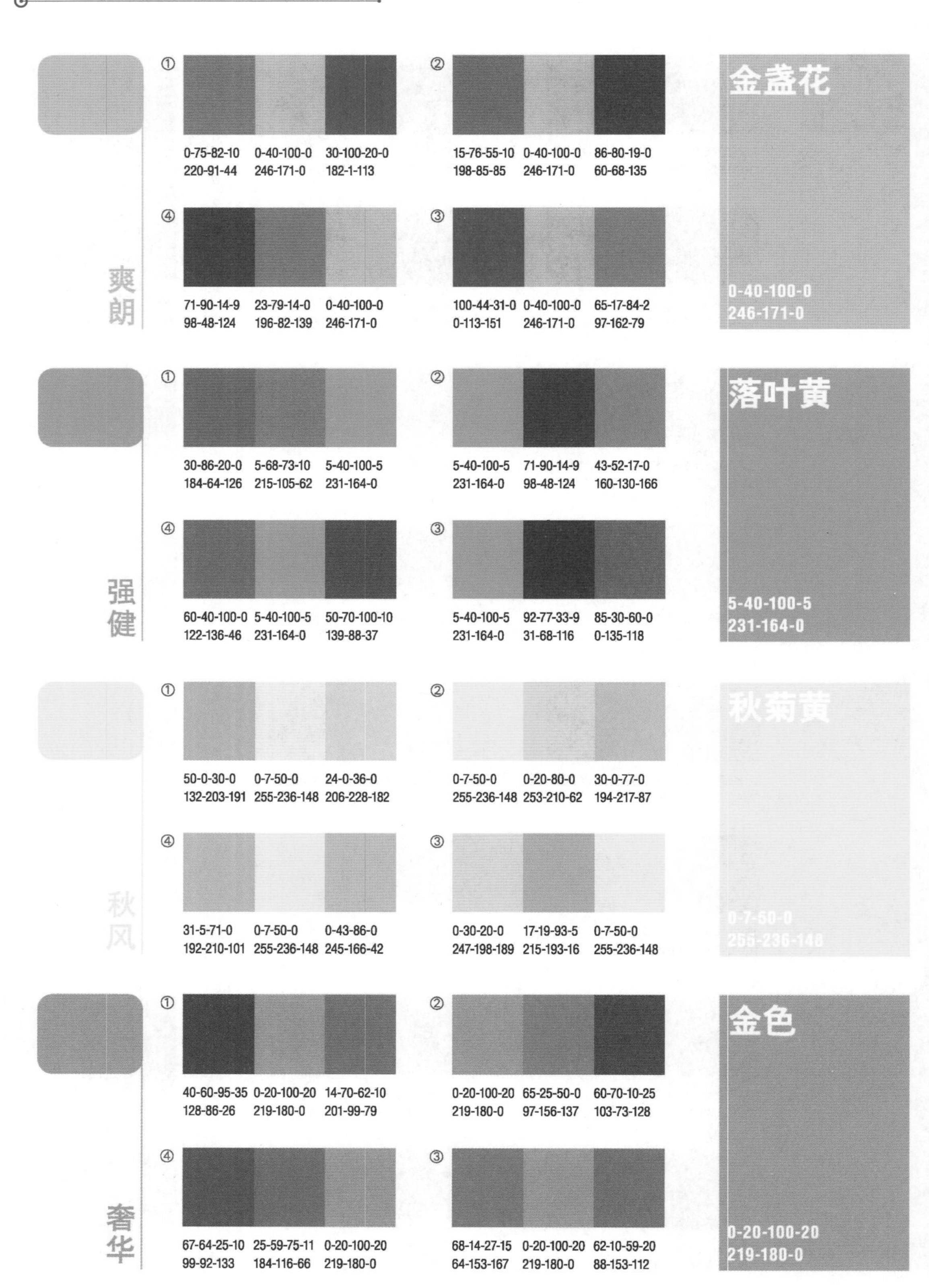
爽朗
①
0-75-82-10
220-91-44
0-40-100-0
246-171-0
30-100-20-0
182-1-113
②
15-76-55-10
198-85-85
0-40-100-0
246-171-0
86-80-19-0
60-68-135
④
71-90-14-9
98-48-124
23-79-14-0
196-82-139
0-40-100-0
246-171-0
③
100-44-31-0
0-113-151
0-40-100-0
246-171-0
65-17-84-2
97-162-79
金盏花
0-40-100-0
246-171-0
强健
①
30-86-20-0
184-64-126
5-68-73-10
215-105-62
5-40-100-5
231-164-0
②
5-40-100-5
231-164-0
71-90-14-9
98-48-124
43-52-17-0
160-130-166
④
60-40-100-0
122-136-46
5-40-100-5
231-164-0
50-70-100-10
139-88-37
③
5-40-100-5
231-164-0
92-77-33-9
31-68-116
85-30-60-0
0-135-118
落叶黄
5-40-100-5
231-164-0
秋风
①
50-0-30-0
132-203-191
0-7-50-0
255-236-148
24-0-36-0
206-228-182
②
0-7-50-0
255-236-148
0-20-80-0
253-210-62
30-0-77-0
194-217-87
④
31-5-71-0
192-210-101
0-7-50-0
255-236-148
0-43-86-0
245-166-42
③
0-30-20-0
247-198-189
17-19-93-5
215-193-16
0-7-50-0
255-236-148
秋菊黄
0-7-50-0
255-236-148
奢华
①
40-60-95-35
128-86-26
0-20-100-20
219-180-0
14-70-62-10
201-99-79
②
0-20-100-20
219-180-0
65-25-50-0
97-156-137
60-70-10-25
103-73-128
④
67-64-25-10
99-92-133
25-59-75-11
184-116-66
0-20-100-20
219-180-0
③
68-14-27-15
64-153-167
0-20-100-20
219-180-0
62-10-59-20
88-153-112
金色
0-20-100-20
219-180-0

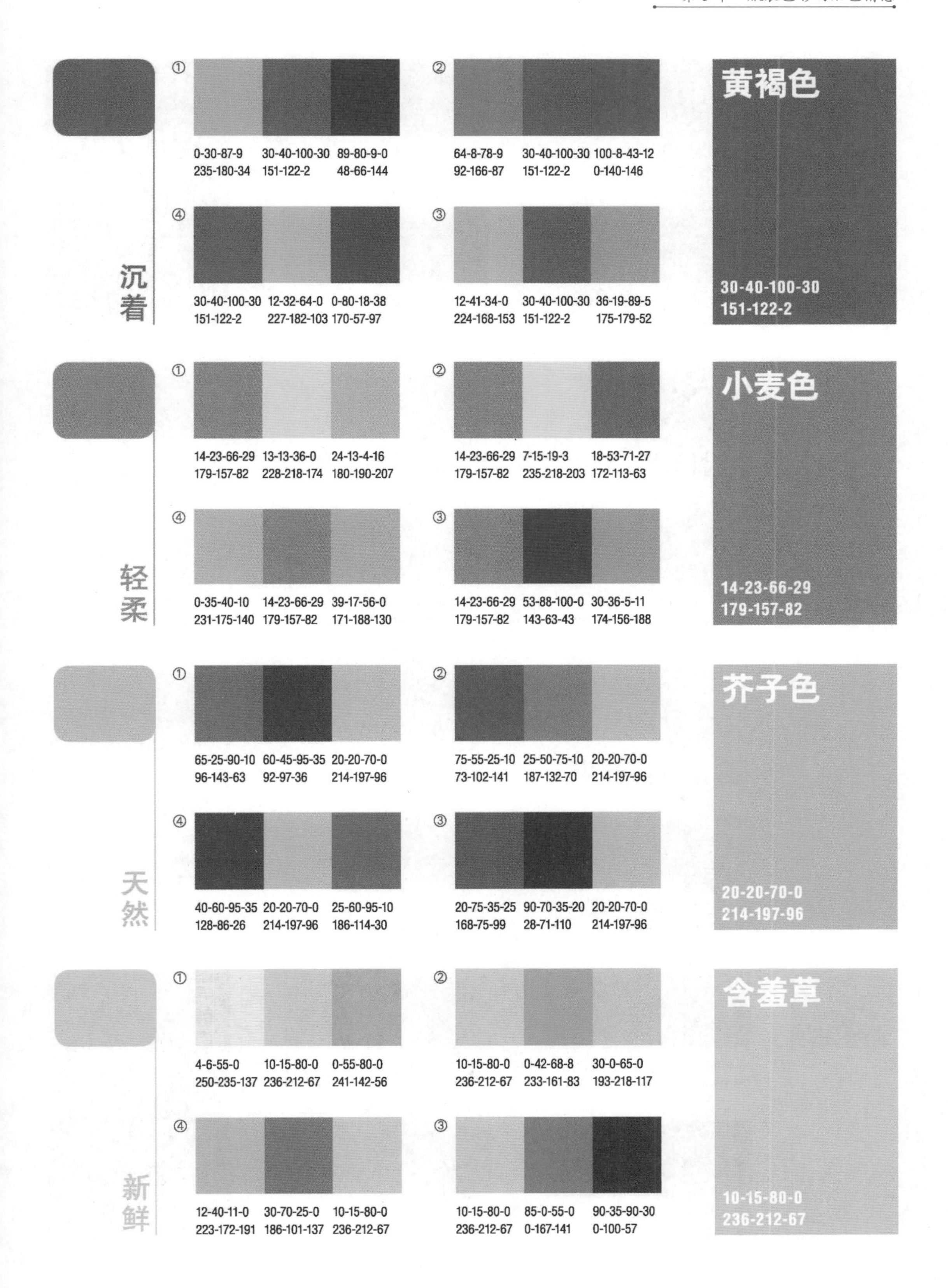
沉着
①
0-30-87-9 30-40-100-30 89-80-9-0
235-180-34 151-122-2 48-66-144
②
64-8-78-9 30-40-100-30 100-8-43-12
92-166-87 151-122-2 0-140-146
④
30-40-100-30 12-32-64-0 0-80-18-38
151-122-2 227-182-103 170-57-97
③
12-41-34-0 30-40-100-30 36-19-89-5
224-168-153 151-122-2 175-179-52
黄褐色
30-40-100-30
151-122-2
轻柔
①
14-23-66-29 13-13-36-0 24-13-4-16
179-157-82 228-218-174 180-190-207
②
14-23-66-29 7-15-19-3 18-53-71-27
179-157-82 235-218-203 172-113-63
④
0-35-40-10 14-23-66-29 39-17-56-0
231-175-140 179-157-82 171-188-130
③
14-23-66-29 53-88-100-0 30-36-5-11
179-157-82 143-63-43 174-156-188
小麦色
14-23-66-29
179-157-82
天然
①
65-25-90-10 60-45-95-35 20-20-70-0
96-143-63 92-97-36 214-197-96
②
75-55-25-10 25-50-75-10 20-20-70-0
73-102-141 187-132-70 214-197-96
④
40-60-95-35 20-20-70-0 25-60-95-10
128-86-26 214-197-96 186-114-30
③
20-75-35-25 90-70-35-20 20-20-70-0
168-75-99 28-71-110 214-197-96
芥子色
20-20-70-0
214-197-96
新鲜
①
4-6-55-0 10-15-80-0 0-55-80-0
250-235-137 236-212-67 241-142-56
②
10-15-80-0 0-42-68-8 30-0-65-0
236-212-67 233-161-83 193-218-117
④
12-40-11-0 30-70-25-0 10-15-80-0
223-172-191 186-101-137 236-212-67
③
10-15-80-0 85-0-55-0 90-35-90-30
236-212-67 0-167-141 0-100-57
含羞草
10-15-80-0
236-212-67

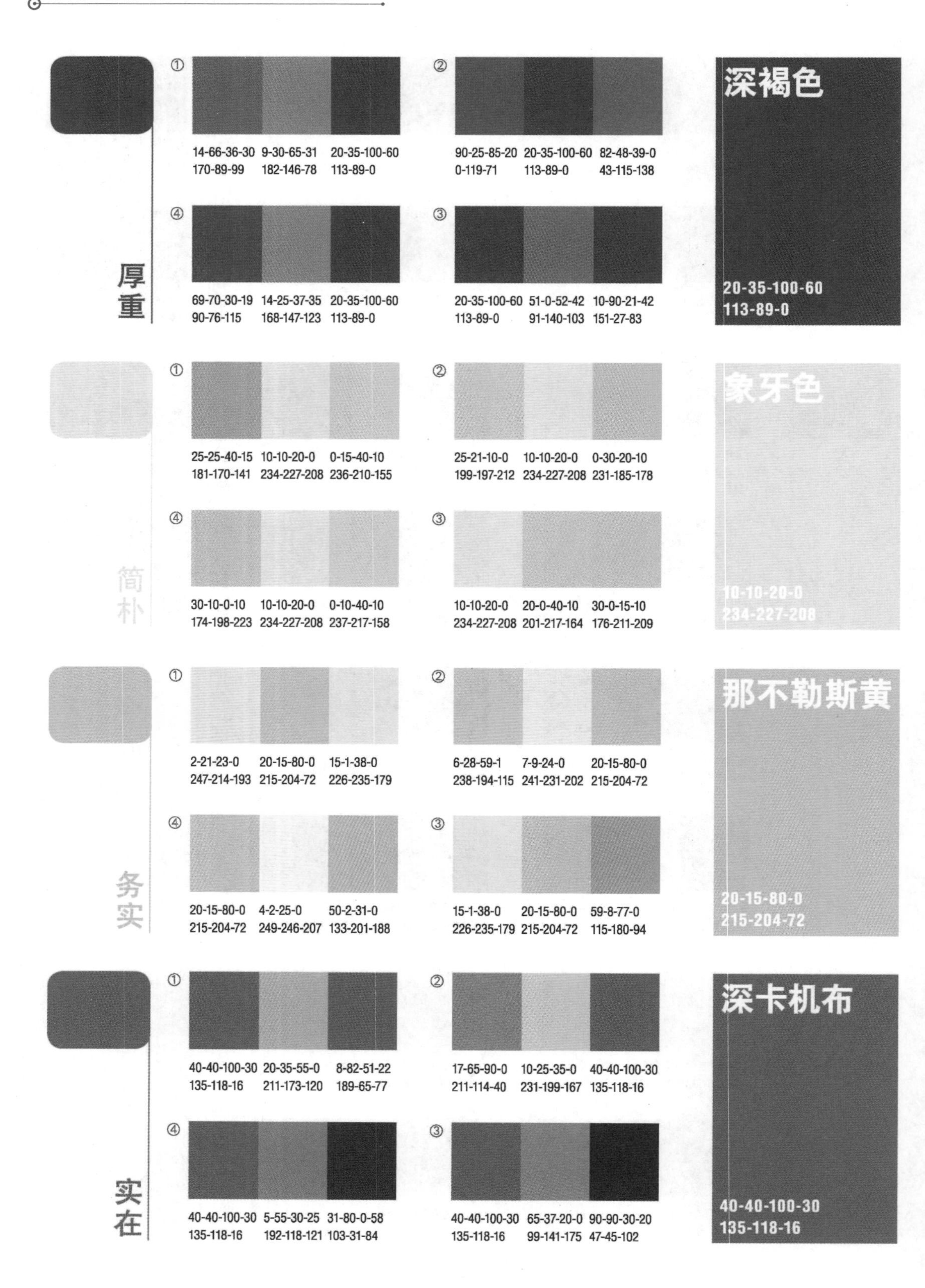
厚重
①
14-66-36-30 170-89-99
9-30-65-31 182-146-78
20-35-100-60 113-89-0
②
90-25-85-20 0-119-71
20-35-100-60 113-89-0
82-48-39-0 43-115-138
④
69-70-30-19 90-76-115
14-25-37-35 168-147-123
20-35-100-60 113-89-0
③
20-35-100-60 113-89-0
51-0-52-42 91-140-103
10-90-21-42 151-27-83
深褐色
20-35-100-60
113-89-0
简朴
①
25-25-40-15 181-170-141
10-10-20-0 234-227-208
0-15-40-10 236-210-155
②
25-21-10-0 199-197-212
10-10-20-0 234-227-208
0-30-20-10 231-185-178
④
30-10-0-10 174-198-223
10-10-20-0 234-227-208
0-10-40-10 237-217-158
③
10-10-20-0 234-227-208
20-0-40-10 201-217-164
30-0-15-10 176-211-209
象牙色
10-10-20-0
234-227-208
务实
①
2-21-23-0 247-214-193
20-15-80-0 215-204-72
15-1-38-0 226-235-179
②
6-28-59-1 238-194-115
7-9-24-0 241-231-202
20-15-80-0 215-204-72
④
20-15-80-0 215-204-72
4-2-25-0 249-246-207
50-2-31-0 133-201-188
③
15-1-38-0 226-235-179
20-15-80-0 215-204-72
59-8-77-0 115-180-94
那不勒斯黄
20-15-80-0
215-204-72
实在
①
40-40-100-30 135-118-16
20-35-55-0 211-173-120
8-82-51-22 189-65-77
②
17-65-90-0 211-114-40
10-25-35-0 231-199-167
40-40-100-30 135-118-16
④
40-40-100-30 135-118-16
5-55-30-25 192-118-121
31-80-0-58 103-31-84
③
40-40-100-30 135-118-16
65-37-20-0 99-141-175
90-90-30-20 47-45-102
深卡机布
40-40-100-30
135-118-16

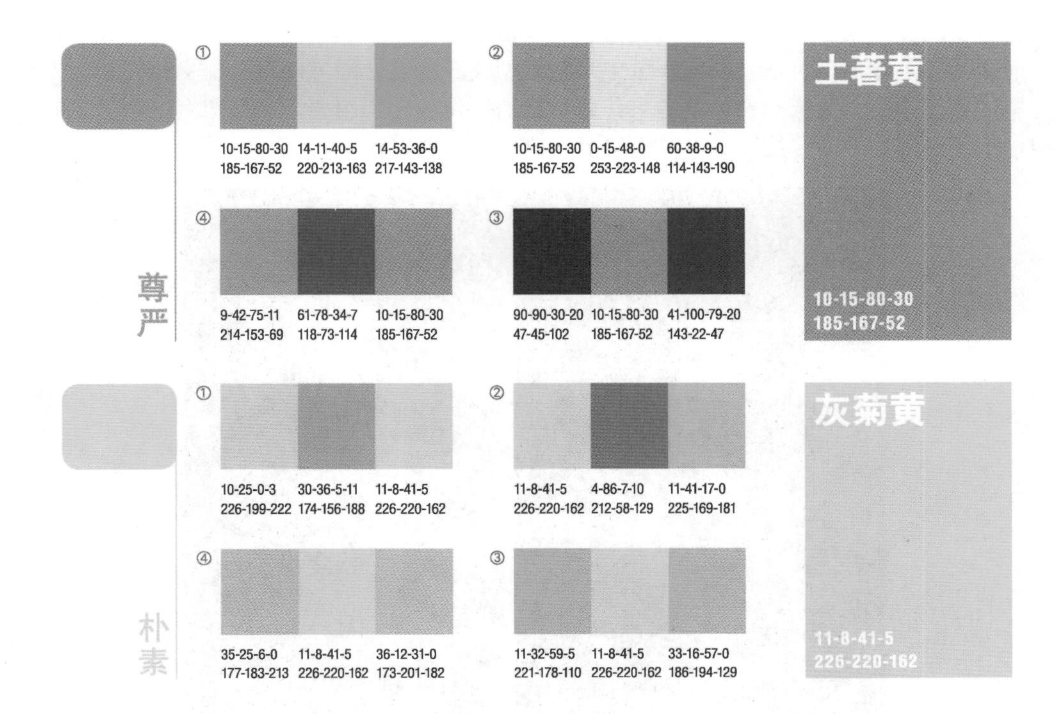

5.4 绿色的情感

在色彩的世界中，绿色总是以其独特的魅力吸引着人们的目光。它既是大自然的底色，也是生命力与活力的象征。当绿色融入服装设计时，它不仅仅是一种颜色选择，更是一种创意表达和文化传递的方式。绿色是一个广泛的颜色家族，从深沉的松绿到明亮的薄荷绿，每一种绿色都有其独特的情感和视觉效果。在服装设计中，设计师可以根据不同的绿色调性选择合适的材质和剪裁，以展现出绿色的独特魅力。例如，丝绸和雪纺等轻盈材质搭配柔和的薄荷绿，可以营造出春夏季节的清新与飘逸；而绒面或皮革材质的深绿色服装，则更适合秋冬季节，展现出稳重与奢华的风格，如图 5-12 所示。

图 5-12　绿色调的服饰

在不同的文化中，绿色有着各自的寓意和象征意义。在中国，绿色常常与生机、和谐相联系，而在西方，绿色则可能与财富、希望和新生相关联。设计师可以将这些文化元素融入服装设计中，通过图案、配饰和整体造型来传达特定的文化信息。例如，一件印有植物图案的绿色旗袍，不仅展现了中国传统的美，也传递了对自然和谐的追求，如图 5-13 所示。

图 5-13　绿色旗袍

随着可持续时尚的兴起，绿色在服装设计中的意义也得到了新的拓展。设计师开始更多地使用环保材料和染料，如有机棉、再生纤维和植物染料等，来减少服装生产对环境的影响。绿色服装不仅代表了时尚潮流，更代表了对地球未来的关怀和责任。此外，通过推广绿色服装，设计师可以引导消费者更加关注环境保护和可持续生活方式，如图 5-14 所示。

图 5-14　新型材料的绿色服饰

在服装设计中，色彩搭配是一门重要的艺术。绿色作为一种中性色，可以与多种颜色搭配，创造出不同的视觉效果。与暖色系（如黄色或红色）搭配，可以营造出活泼热情的氛围；而与冷色系（如蓝色或紫色）搭配，则展现出宁静优雅的风格。设计师可以通过巧妙的色彩搭配，让绿色服装呈现出多变的风格，满足不同消费者的个性化需求，如图 5-15 所示。

图 5-15　绿色调的服装搭配设计

配色色谱实例参考：

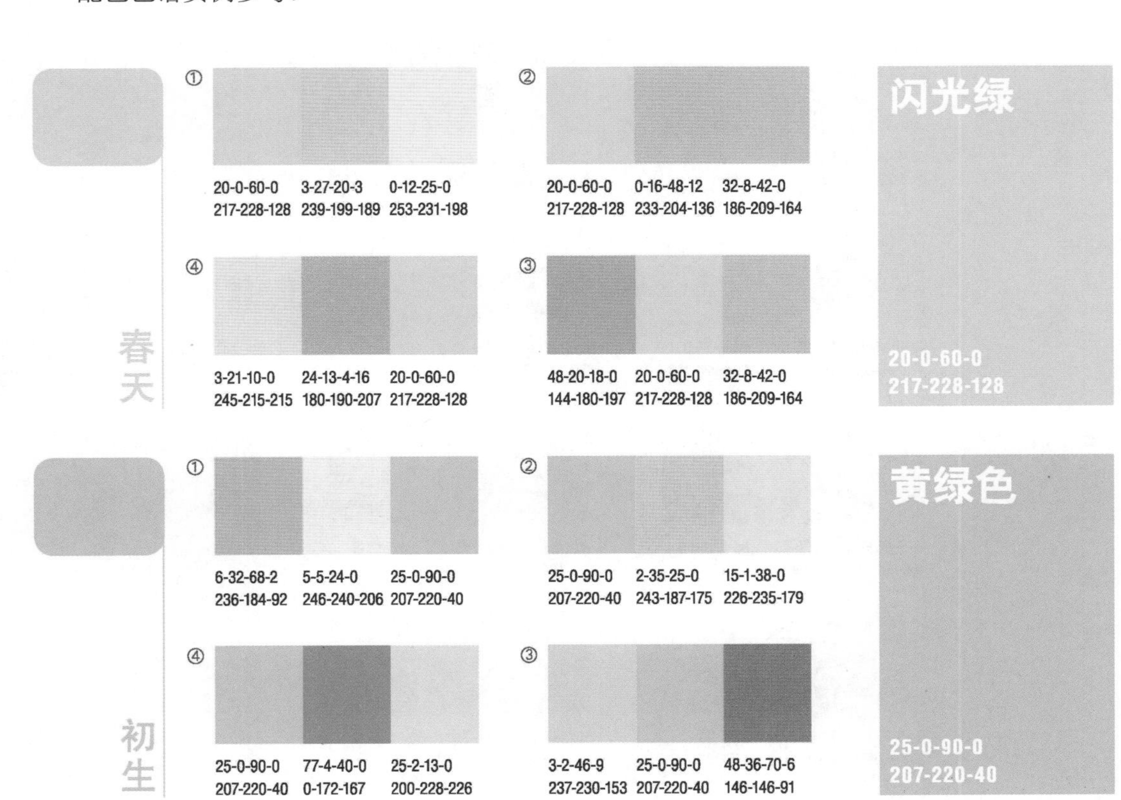

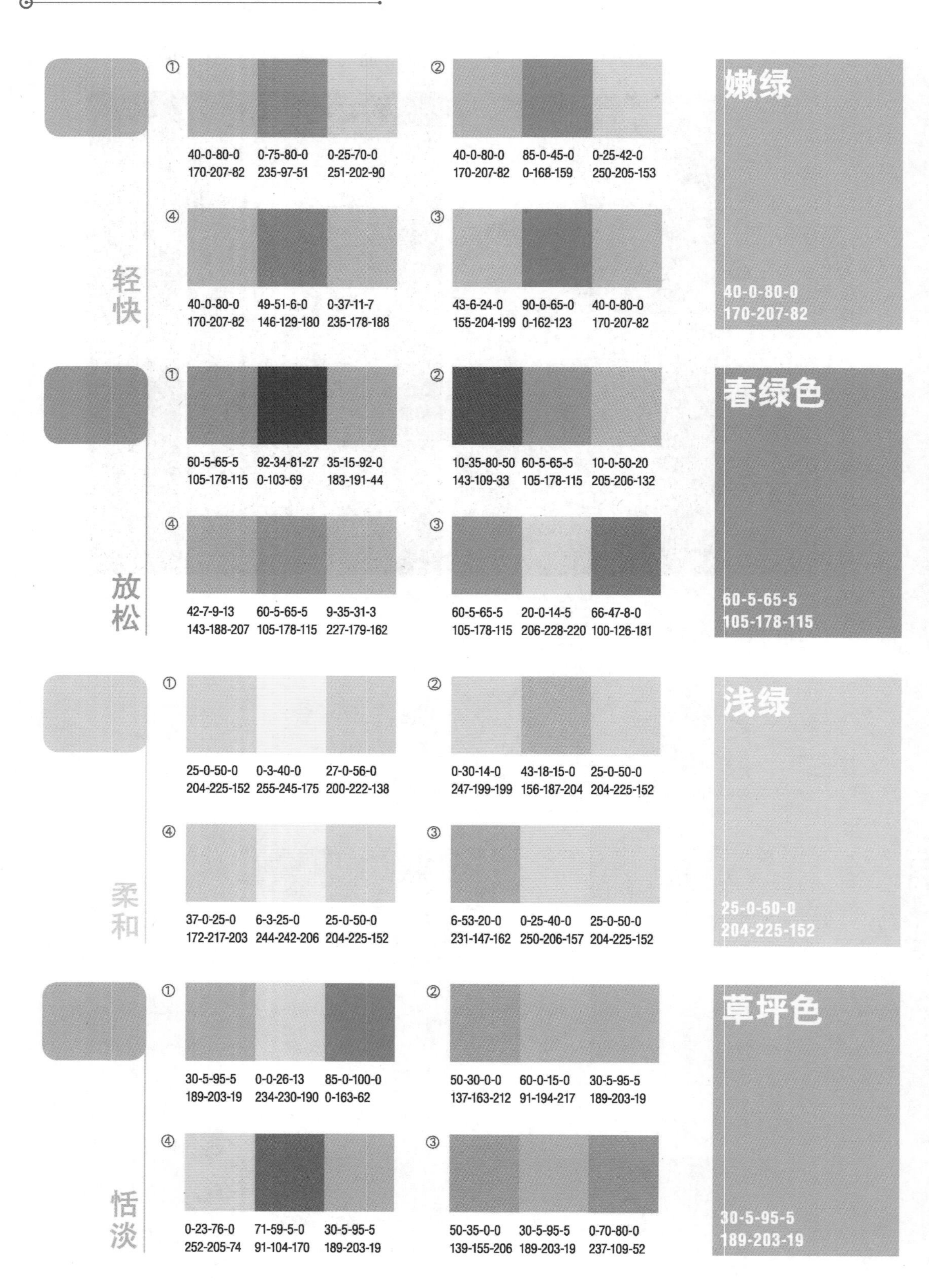
轻快
①
40-0-80-0 170-207-82
0-75-80-0 235-97-51
0-25-70-0 251-202-90
②
40-0-80-0 170-207-82
85-0-45-0 0-168-159
0-25-42-0 250-205-153
④
40-0-80-0 170-207-82
49-51-6-0 146-129-180
0-37-11-7 235-178-188
③
43-6-24-0 155-204-199
90-0-65-0 0-162-123
40-0-80-0 170-207-82
嫩绿
40-0-80-0
170-207-82
放松
①
60-5-65-5 105-178-115
92-34-81-27 0-103-69
35-15-92-0 183-191-44
②
10-35-80-50 143-109-33
60-5-65-5 105-178-115
10-0-50-20 205-206-132
④
42-7-9-13 143-188-207
60-5-65-5 105-178-115
9-35-31-3 227-179-162
③
60-5-65-5 105-178-115
20-0-14-5 206-228-220
66-47-8-0 100-126-181
春绿色
60-5-65-5
105-178-115
柔和
①
25-0-50-0 204-225-152
0-3-40-0 255-245-175
27-0-56-0 200-222-138
②
0-30-14-0 247-199-199
43-18-15-0 156-187-204
25-0-50-0 204-225-152
④
37-0-25-0 172-217-203
6-3-25-0 244-242-206
25-0-50-0 204-225-152
③
6-53-20-0 231-147-162
0-25-40-0 250-206-157
25-0-50-0 204-225-152
浅绿
25-0-50-0
204-225-152
恬淡
①
30-5-95-5 189-203-19
0-0-26-13 234-230-190
85-0-100-0 0-163-62
②
50-30-0-0 137-163-212
60-0-15-0 91-194-217
30-5-95-5 189-203-19
④
0-23-76-0 252-205-74
71-59-5-0 91-104-170
30-5-95-5 189-203-19
③
50-35-0-0 139-155-206
30-5-95-5 189-203-19
0-70-80-0 237-109-52
草坪色
30-5-95-5
189-203-19

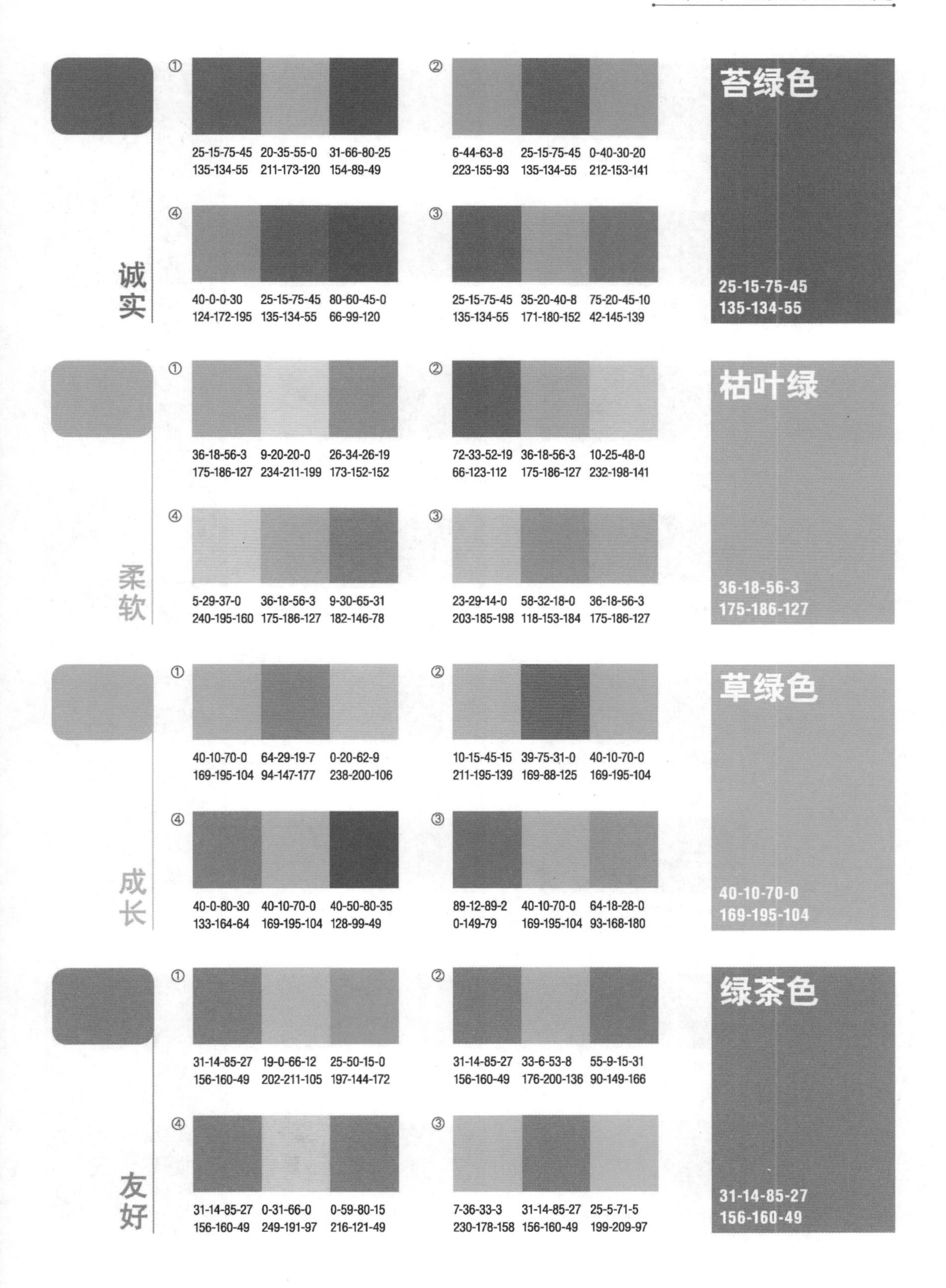
诚实
①
25-15-75-45 135-134-55
20-35-55-0 211-173-120
31-66-80-25 154-89-49
②
6-44-63-8 223-155-93
25-15-75-45 135-134-55
0-40-30-20 212-153-141
④
40-0-0-30 124-172-195
25-15-75-45 135-134-55
80-60-45-0 66-99-120
③
25-15-75-45 135-134-55
35-20-40-8 171-180-152
75-20-45-10 42-145-139
苔绿色
25-15-75-45
135-134-55
柔软
①
36-18-56-3 175-186-127
9-20-20-0 234-211-199
26-34-26-19 173-152-152
②
72-33-52-19 66-123-112
36-18-56-3 175-186-127
10-25-48-0 232-198-141
④
5-29-37-0 240-195-160
36-18-56-3 175-186-127
9-30-65-31 182-146-78
③
23-29-14-0 203-185-198
58-32-18-0 118-153-184
36-18-56-3 175-186-127
枯叶绿
36-18-56-3
175-186-127
成长
①
40-10-70-0 169-195-104
64-29-19-7 94-147-177
0-20-62-9 238-200-106
②
10-15-45-15 211-195-139
39-75-31-0 169-88-125
40-10-70-0 169-195-104
④
40-0-80-30 133-164-64
40-10-70-0 169-195-104
40-50-80-35 128-99-49
③
89-12-89-2 0-149-79
40-10-70-0 169-195-104
64-18-28-0 93-168-180
草绿色
40-10-70-0
169-195-104
友好
①
31-14-85-27 156-160-49
19-0-66-12 202-211-105
25-50-15-0 197-144-172
②
31-14-85-27 156-160-49
33-6-53-8 176-200-136
55-9-15-31 90-149-166
④
31-14-85-27 156-160-49
0-31-66-0 249-191-97
0-59-80-15 216-121-49
③
7-36-33-3 230-178-158
31-14-85-27 156-160-49
25-5-71-5 199-209-97
绿茶色
31-14-85-27
156-160-49

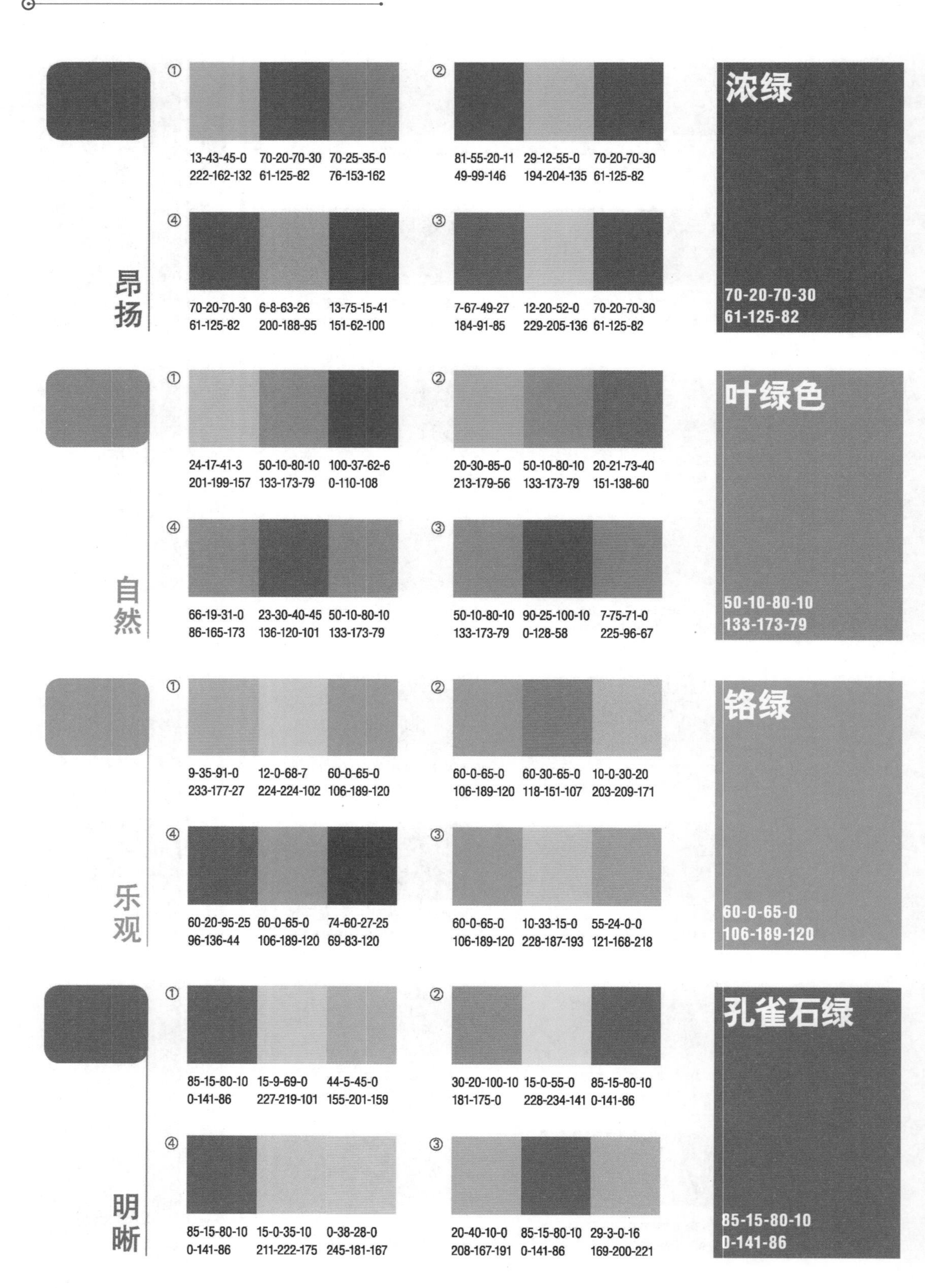

昂扬
①
13-43-45-0 222-162-132
70-20-70-30 61-125-82
70-25-35-0 76-153-162
②
81-55-20-11 49-99-146
29-12-55-0 194-204-135
70-20-70-30 61-125-82
④
70-20-70-30 61-125-82
6-8-63-26 200-188-95
13-75-15-41 151-62-100
③
7-67-49-27 184-91-85
12-20-52-0 229-205-136
70-20-70-30 61-125-82
浓绿
70-20-70-30
61-125-82
自然
①
24-17-41-3 201-199-157
50-10-80-10 133-173-79
100-37-62-6 0-110-108
②
20-30-85-0 213-179-56
50-10-80-10 133-173-79
20-21-73-40 151-138-60
④
66-19-31-0 86-165-173
23-30-40-45 136-120-101
50-10-80-10 133-173-79
③
50-10-80-10 133-173-79
90-25-100-10 0-128-58
7-75-71-0 225-96-67
叶绿色
50-10-80-10
133-173-79
乐观
①
9-35-91-0 233-177-27
12-0-68-7 224-224-102
60-0-65-0 106-189-120
②
60-0-65-0 106-189-120
60-30-65-0 118-151-107
10-0-30-20 203-209-171
④
60-20-95-25 96-136-44
60-0-65-0 106-189-120
74-60-27-25 69-83-120
③
60-0-65-0 106-189-120
10-33-15-0 228-187-193
55-24-0-0 121-168-218
铬绿
60-0-65-0
106-189-120
明晰
①
85-15-80-10 0-141-86
15-9-69-0 227-219-101
44-5-45-0 155-201-159
②
30-20-100-10 181-175-0
15-0-55-0 228-234-141
85-15-80-10 0-141-86
④
85-15-80-10 0-141-86
15-0-35-10 211-222-175
0-38-28-0 245-181-167
③
20-40-10-0 208-167-191
85-15-80-10 0-141-86
29-3-0-16 169-200-221
孔雀石绿
85-15-80-10
0-141-86

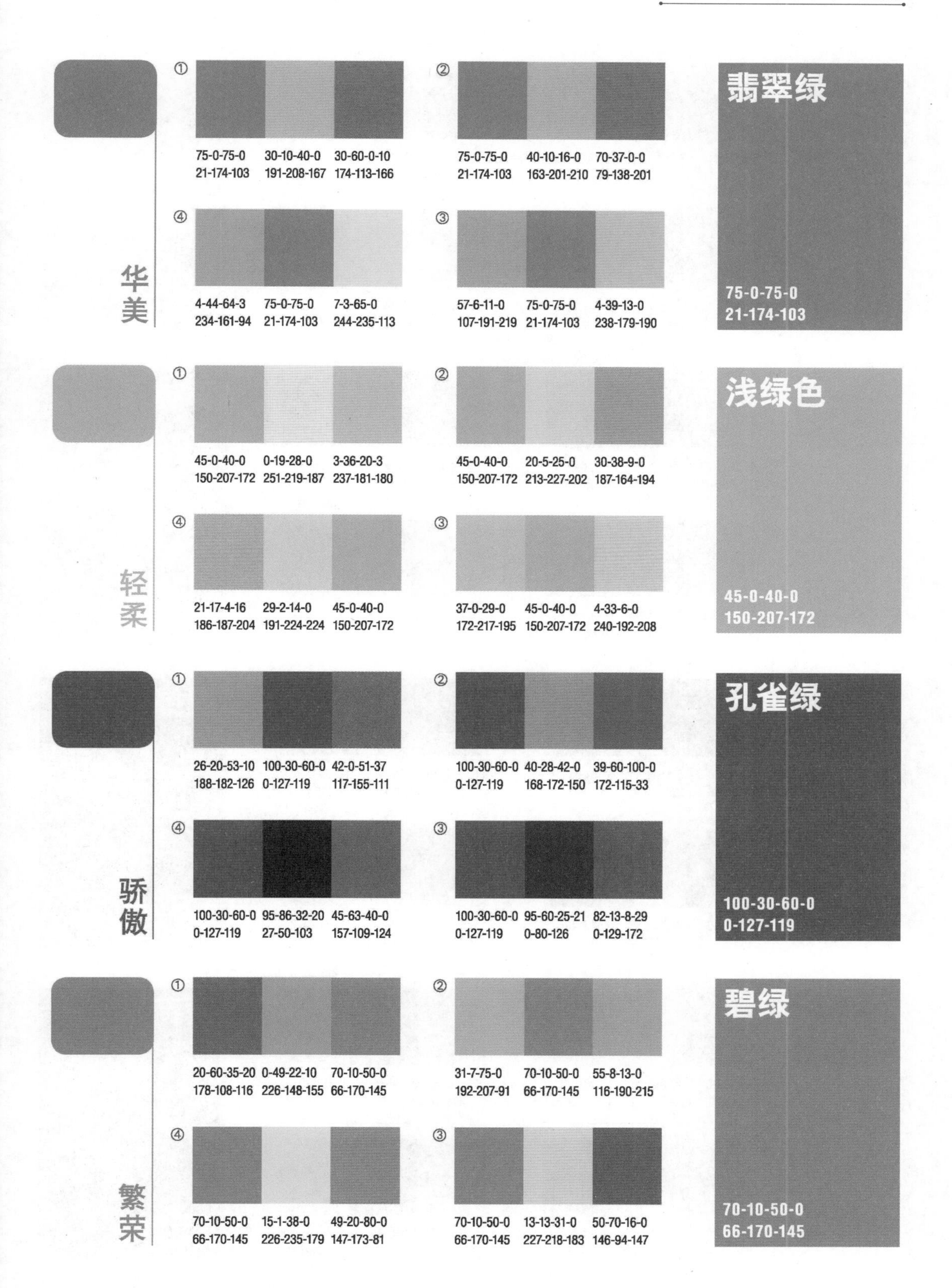
华美
①
75-0-75-0 21-174-103
30-10-40-0 191-208-167
30-60-0-10 174-113-166
②
75-0-75-0 21-174-103
40-10-16-0 163-201-210
70-37-0-0 79-138-201
④
4-44-64-3 234-161-94
75-0-75-0 21-174-103
7-3-65-0 244-235-113
③
57-6-11-0 107-191-219
75-0-75-0 21-174-103
4-39-13-0 238-179-190
翡翠绿
75-0-75-0
21-174-103
轻柔
①
45-0-40-0 150-207-172
0-19-28-0 251-219-187
3-36-20-3 237-181-180
②
45-0-40-0 150-207-172
20-5-25-0 213-227-202
30-38-9-0 187-164-194
④
21-17-4-16 186-187-204
29-2-14-0 191-224-224
45-0-40-0 150-207-172
③
37-0-29-0 172-217-195
45-0-40-0 150-207-172
4-33-6-0 240-192-208
浅绿色
45-0-40-0
150-207-172
骄傲
①
26-20-53-10 188-182-126
100-30-60-0 0-127-119
42-0-51-37 117-155-111
②
100-30-60-0 0-127-119
40-28-42-0 168-172-150
39-60-100-0 172-115-33
④
100-30-60-0 0-127-119
95-86-32-20 27-50-103
45-63-40-0 157-109-124
③
100-30-60-0 0-127-119
95-60-25-21 0-80-126
82-13-8-29 0-129-172
孔雀绿
100-30-60-0
0-127-119
繁荣
①
20-60-35-20 178-108-116
0-49-22-10 226-148-155
70-10-50-0 66-170-145
②
31-7-75-0 192-207-91
70-10-50-0 66-170-145
55-8-13-0 116-190-215
④
70-10-50-0 66-170-145
15-1-38-0 226-235-179
49-20-80-0 147-173-81
③
70-10-50-0 66-170-145
13-13-31-0 227-218-183
50-70-16-0 146-94-147
碧绿
70-10-50-0
66-170-145

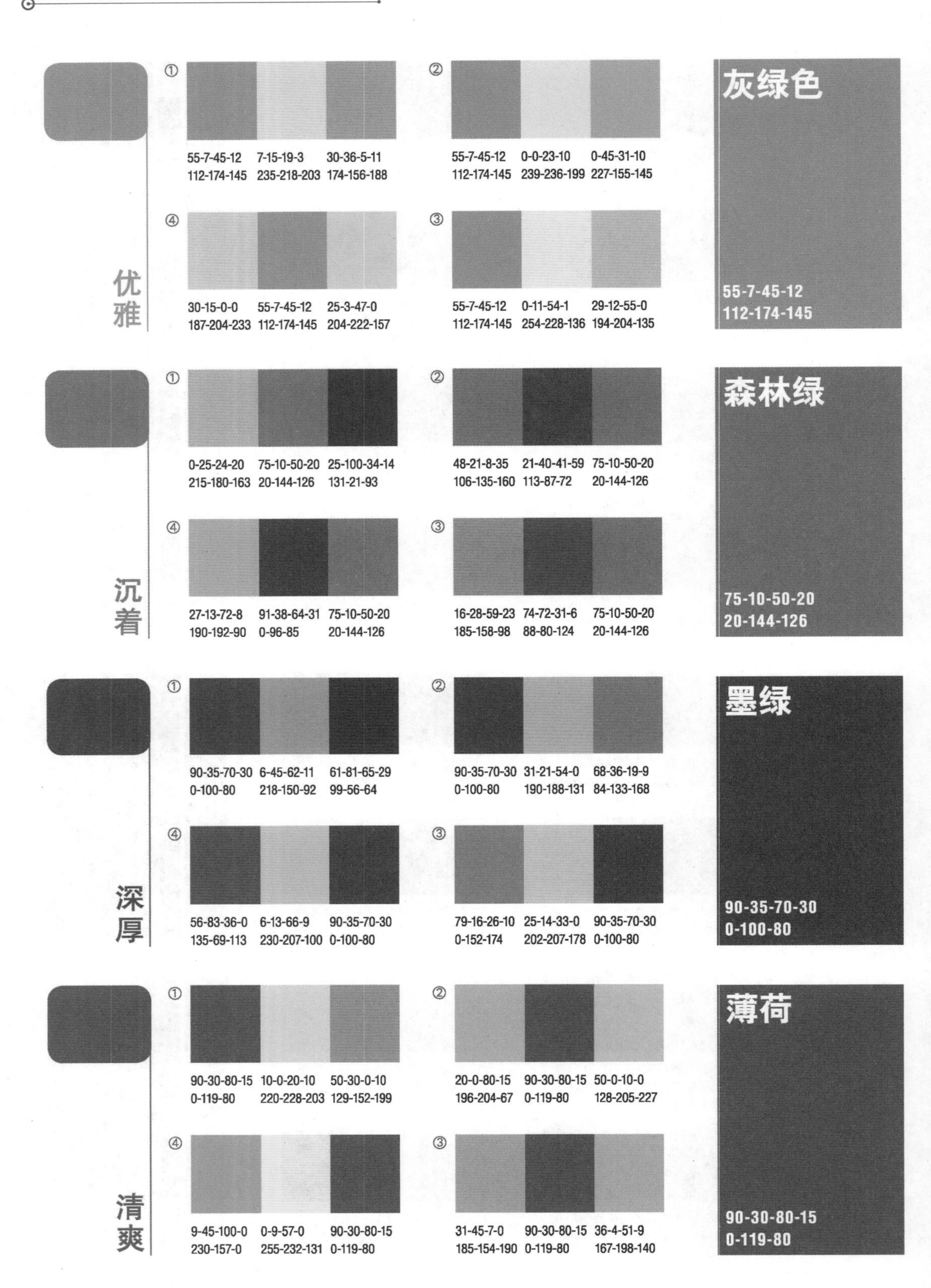
优雅
①
55-7-45-12 7-15-19-3 30-36-5-11
112-174-145 235-218-203 174-156-188
②
55-7-45-12 0-0-23-10 0-45-31-10
112-174-145 239-236-199 227-155-145
④
30-15-0-0 55-7-45-12 25-3-47-0
187-204-233 112-174-145 204-222-157
③
55-7-45-12 0-11-54-1 29-12-55-0
112-174-145 254-228-136 194-204-135
灰绿色
55-7-45-12
112-174-145
沉着
①
0-25-24-20 75-10-50-20 25-100-34-14
215-180-163 20-144-126 131-21-93
②
48-21-8-35 21-40-41-59 75-10-50-20
106-135-160 113-87-72 20-144-126
④
27-13-72-8 91-38-64-31 75-10-50-20
190-192-90 0-96-85 20-144-126
③
16-28-59-23 74-72-31-6 75-10-50-20
185-158-98 88-80-124 20-144-126
森林绿
75-10-50-20
20-144-126
深厚
①
90-35-70-30 6-45-62-11 61-81-65-29
0-100-80 218-150-92 99-56-64
②
90-35-70-30 31-21-54-0 68-36-19-9
0-100-80 190-188-131 84-133-168
④
56-83-36-0 6-13-66-9 90-35-70-30
135-69-113 230-207-100 0-100-80
③
79-16-26-10 25-14-33-0 90-35-70-30
0-152-174 202-207-178 0-100-80
墨绿
90-35-70-30
0-100-80
清爽
①
90-30-80-15 10-0-20-10 50-30-0-10
0-119-80 220-228-203 129-152-199
②
20-0-80-15 90-30-80-15 50-0-10-0
196-204-67 0-119-80 128-205-227
④
9-45-100-0 0-9-57-0 90-30-80-15
230-157-0 255-232-131 0-119-80
③
31-45-7-0 90-30-80-15 36-4-51-9
185-154-190 0-119-80 167-198-140
薄荷
90-30-80-15
0-119-80

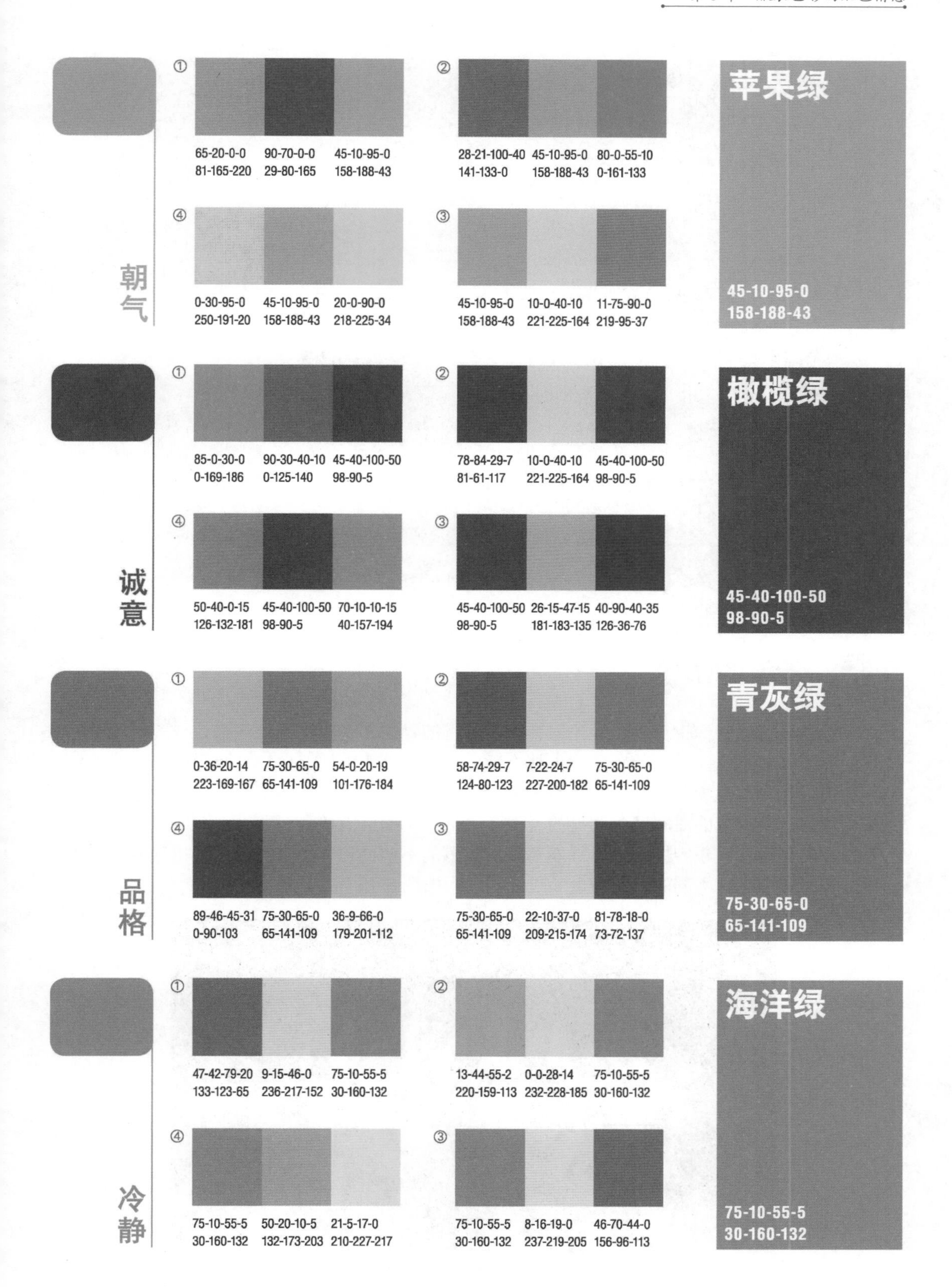
朝气
①
65-20-0-0
81-165-220
90-70-0-0
29-80-165
45-10-95-0
158-188-43
②
28-21-100-40
141-133-0
45-10-95-0
158-188-43
80-0-55-10
0-161-133
④
0-30-95-0
250-191-20
45-10-95-0
158-188-43
20-0-90-0
218-225-34
③
45-10-95-0
158-188-43
10-0-40-10
221-225-164
11-75-90-0
219-95-37
苹果绿
45-10-95-0
158-188-43
诚意
①
85-0-30-0
0-169-186
90-30-40-10
0-125-140
45-40-100-50
98-90-5
②
78-84-29-7
81-61-117
10-0-40-10
221-225-164
45-40-100-50
98-90-5
④
50-40-0-15
126-132-181
45-40-100-50
98-90-5
70-10-10-15
40-157-194
③
45-40-100-50
98-90-5
26-15-47-15
181-183-135
40-90-40-35
126-36-76
橄榄绿
45-40-100-50
98-90-5
品格
①
0-36-20-14
223-169-167
75-30-65-0
65-141-109
54-0-20-19
101-176-184
②
58-74-29-7
124-80-123
7-22-24-7
227-200-182
75-30-65-0
65-141-109
④
89-46-45-31
0-90-103
75-30-65-0
65-141-109
36-9-66-0
179-201-112
③
75-30-65-0
65-141-109
22-10-37-0
209-215-174
81-78-18-0
73-72-137
青灰绿
75-30-65-0
65-141-109
冷静
①
47-42-79-20
133-123-65
9-15-46-0
236-217-152
75-10-55-5
30-160-132
②
13-44-55-2
220-159-113
0-0-28-14
232-228-185
75-10-55-5
30-160-132
④
75-10-55-5
30-160-132
50-20-10-5
132-173-203
21-5-17-0
210-227-217
③
75-10-55-5
30-160-132
8-16-19-0
237-219-205
46-70-44-0
156-96-113
海洋绿
75-10-55-5
30-160-132

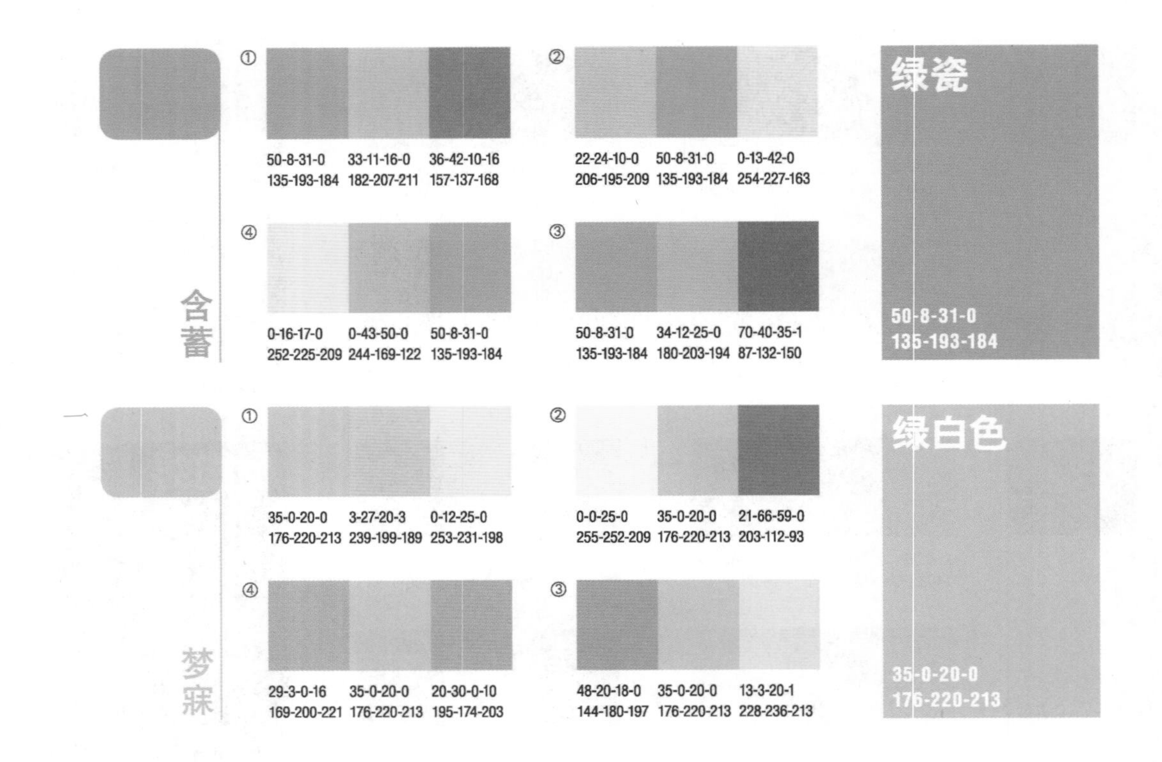

5.5 蓝色的情感

在缤纷多彩的时尚世界中，蓝色服装以其独特的魅力和多样的设计风格，成为了一种无法忽视的存在。它不仅仅是一种颜色，更是一种态度，一种情感的表达，以及无尽创意的源泉。

蓝色，作为自然界中最为常见也是最为宁静的颜色之一，它在服装设计中的应用范围广泛且深受欢迎。从深邃的海军蓝到明亮的天蓝，再到清爽的宝石蓝，蓝色系在服装设计中展现出了其独有的多样性和包容性。设计师们通过对蓝色的不同处理，不仅能够展现出穿着者的不同气质，还能够传递出不同的设计理念和时尚态度，如图 5-16 所示。

图 5-16 舞蹈《只此青绿》中的蓝色服饰

蓝色与其他颜色的搭配，是展现蓝色服装设计魅力的一大看点。与白色搭配，可以展现出清新、纯净的感觉，适合春夏季节的轻松穿搭；而与黑色相配，则能够彰显出一种稳重、优雅的风格，更适合正式或秋冬季节的场合。此外，蓝色与灰色的结合，则是低调而不失时尚感的选择，展现了现代都市人追求简约而不简单的生活哲学，如图 5-17 所示。

图 5-17　蓝灰搭配设计

在款式设计上，蓝色服装同样呈现出无限的可能性。从休闲的 T 恤、牛仔裤，到正式的西装、晚礼服，蓝色都能够完美融入，展现出不同的风格和韵味。设计师们通过剪裁的变化、面料的选择以及细节的处理，使得每一件蓝色服装都独具匠心，满足了不同人群的审美需求和穿着场合。

在探讨蓝色服装设计的魅力时，不得不提的是蓝色本身所蕴含的深远意义。蓝色常常被视为冷静、理性的象征，它能够给人一种心灵上的平静和安宁。同时，蓝色也是希望和无限的象征，它的宽广和深邃激发着人们对于美好生活的向往和追求。因此，穿着蓝色服装的人，往往能够散发出一种积极向上、平和自信的气质，如图 5-18 所示。

图 5-18　不同色调的蓝色设计

在当今这个强调个性和创新的时代，蓝色服装设计更是展现出了前所未有的活力和创造力。无论是传统与现代的融合，还是东方与西方元素的碰撞，设计师们都能够在蓝色的基调上，创造出令人惊叹的作品。这些作品不仅仅是服装，更是一种文化和艺术的传达，它们让蓝色服装设计的魅力得以跨越时空，触动每一个人的心灵，如图 5-19 所示。

图 5-19　不同底色上的蓝色加入不同颜色的搭配

配色色谱实例参考：

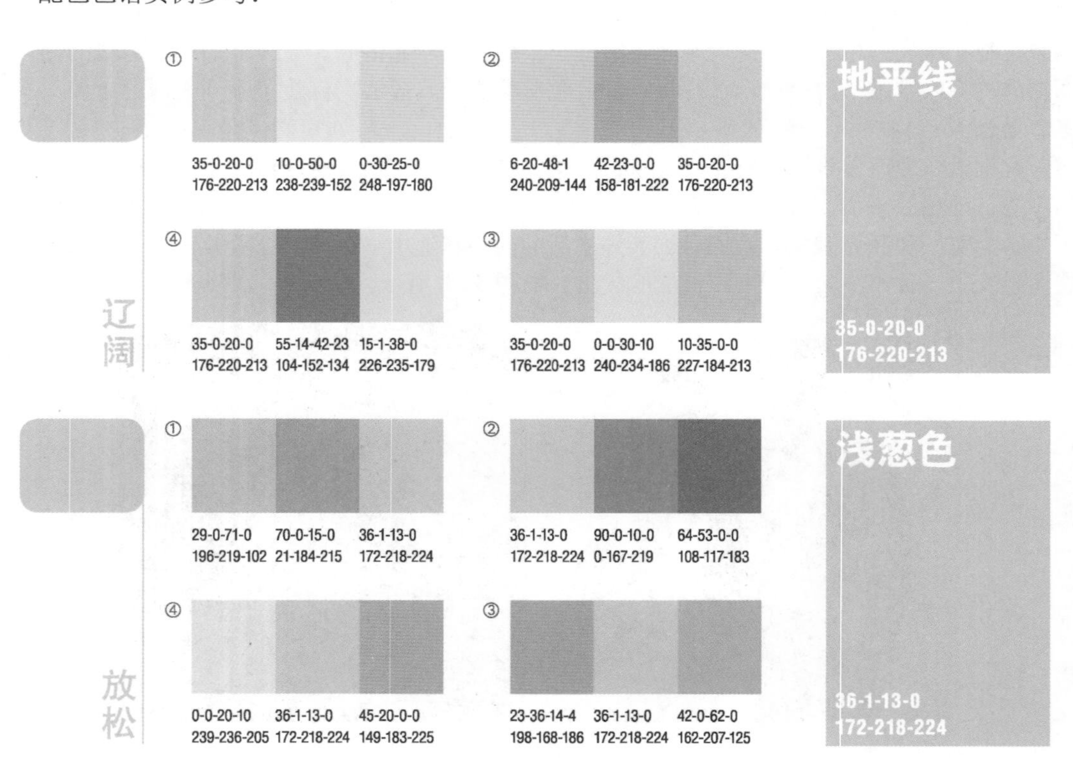

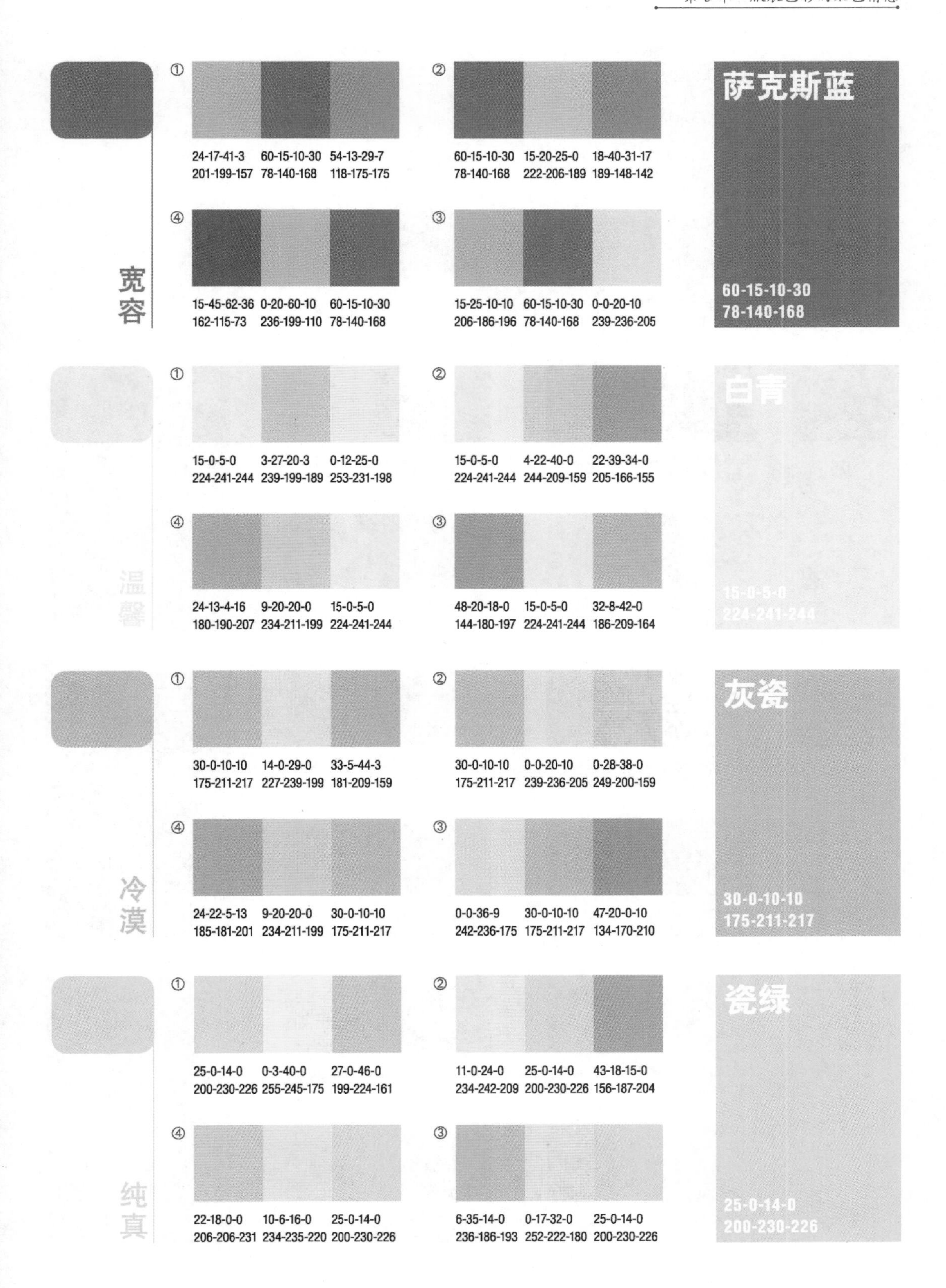
宽容
①
24-17-41-3 60-15-10-30 54-13-29-7
201-199-157 78-140-168 118-175-175
②
60-15-10-30 15-20-25-0 18-40-31-17
78-140-168 222-206-189 189-148-142
④
15-45-62-36 0-20-60-10 60-15-10-30
162-115-73 236-199-110 78-140-168
③
15-25-10-10 60-15-10-30 0-0-20-10
206-186-196 78-140-168 239-236-205
萨克斯蓝
60-15-10-30
78-140-168
温馨
①
15-0-5-0 3-27-20-3 0-12-25-0
224-241-244 239-199-189 253-231-198
②
15-0-5-0 4-22-40-0 22-39-34-0
224-241-244 244-209-159 205-166-155
④
24-13-4-16 9-20-20-0 15-0-5-0
180-190-207 234-211-199 224-241-244
③
48-20-18-0 15-0-5-0 32-8-42-0
144-180-197 224-241-244 186-209-164
白青
15-0-5-0
224-241-244
冷漠
①
30-0-10-10 14-0-29-0 33-5-44-3
175-211-217 227-239-199 181-209-159
②
30-0-10-10 0-0-20-10 0-28-38-0
175-211-217 239-236-205 249-200-159
④
24-22-5-13 9-20-20-0 30-0-10-10
185-181-201 234-211-199 175-211-217
③
0-0-36-9 30-0-10-10 47-20-0-10
242-236-175 175-211-217 134-170-210
灰瓷
30-0-10-10
175-211-217
纯真
①
25-0-14-0 0-3-40-0 27-0-46-0
200-230-226 255-245-175 199-224-161
②
11-0-24-0 25-0-14-0 43-18-15-0
234-242-209 200-230-226 156-187-204
④
22-18-0-0 10-6-16-0 25-0-14-0
206-206-231 234-235-220 200-230-226
③
6-35-14-0 0-17-32-0 25-0-14-0
236-186-193 252-222-180 200-230-226
瓷绿
25-0-14-0
200-230-226

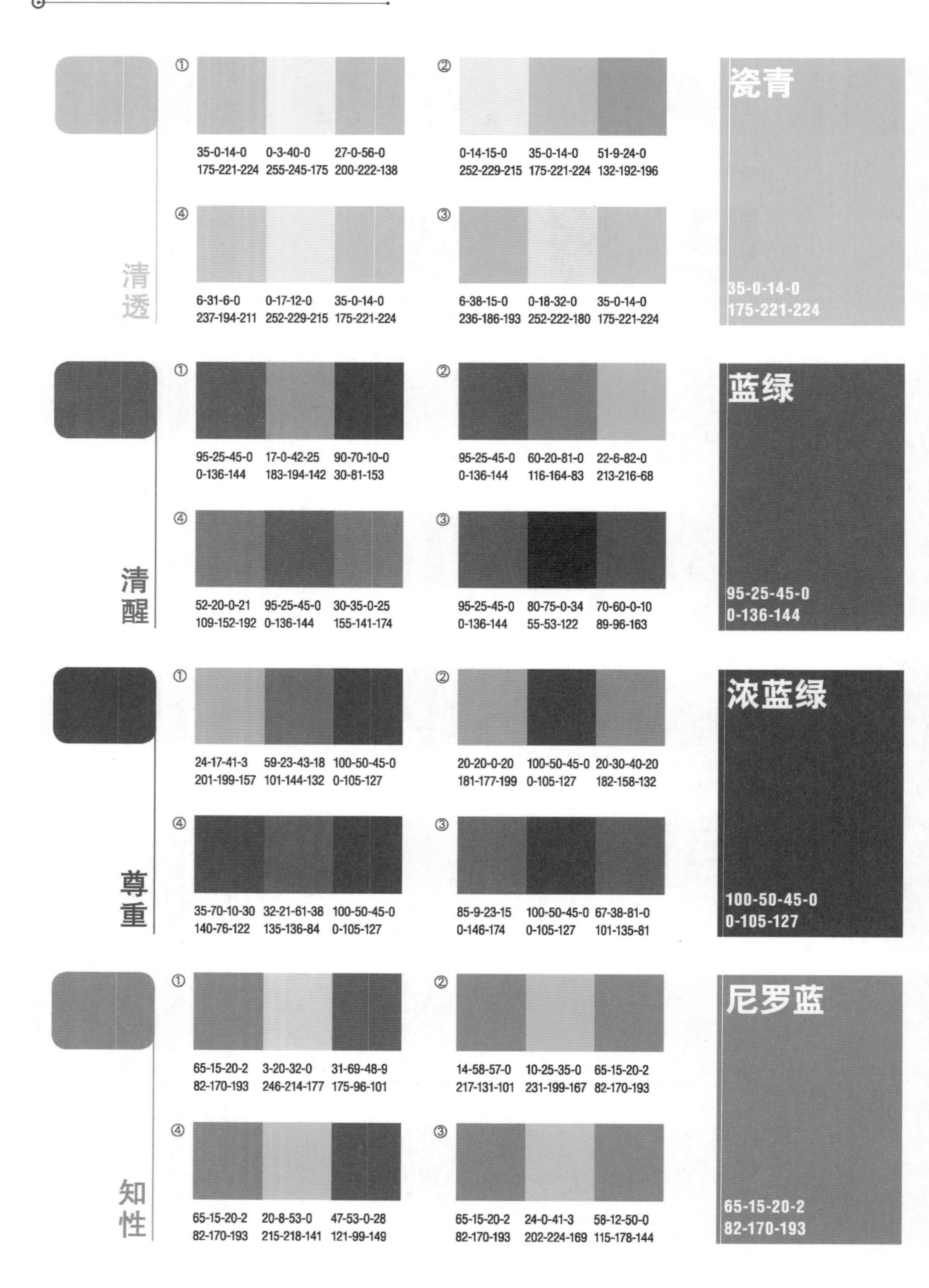

清透
①
35-0-14-0 175-221-224
0-3-40-0 255-245-175
27-0-56-0 200-222-138
②
0-14-15-0 252-229-215
35-0-14-0 175-221-224
51-9-24-0 132-192-196
④
6-31-6-0 237-194-211
0-17-12-0 252-229-215
35-0-14-0 175-221-224
③
6-38-15-0 236-186-193
0-18-32-0 252-222-180
35-0-14-0 175-221-224
瓷青
35-0-14-0
175-221-224
清醒
①
95-25-45-0 0-136-144
17-0-42-25 183-194-142
90-70-10-0 30-81-153
②
95-25-45-0 0-136-144
60-20-81-0 116-164-83
22-6-82-0 213-216-68
④
52-20-0-21 109-152-192
95-25-45-0 0-136-144
30-35-0-25 155-141-174
③
95-25-45-0 0-136-144
80-75-0-34 55-53-122
70-60-0-10 89-96-163
蓝绿
95-25-45-0
0-136-144
尊重
①
24-17-41-3 201-199-157
59-23-43-18 101-144-132
100-50-45-0 0-105-127
②
20-20-0-20 181-177-199
100-50-45-0 0-105-127
20-30-40-20 182-158-132
④
35-70-10-30 140-76-122
32-21-61-38 135-136-84
100-50-45-0 0-105-127
③
85-9-23-15 0-146-174
100-50-45-0 0-105-127
67-38-81-0 101-135-81
浓蓝绿
100-50-45-0
0-105-127
知性
①
65-15-20-2 82-170-193
3-20-32-0 246-214-177
31-69-48-9 175-96-101
②
14-58-57-0 217-131-101
10-25-35-0 231-199-167
65-15-20-2 82-170-193
④
65-15-20-2 82-170-193
20-8-53-0 215-218-141
47-53-0-28 121-99-149
③
65-15-20-2 82-170-193
24-0-41-3 202-224-169
58-12-50-0 115-178-144
尼罗蓝
65-15-20-2
82-170-193

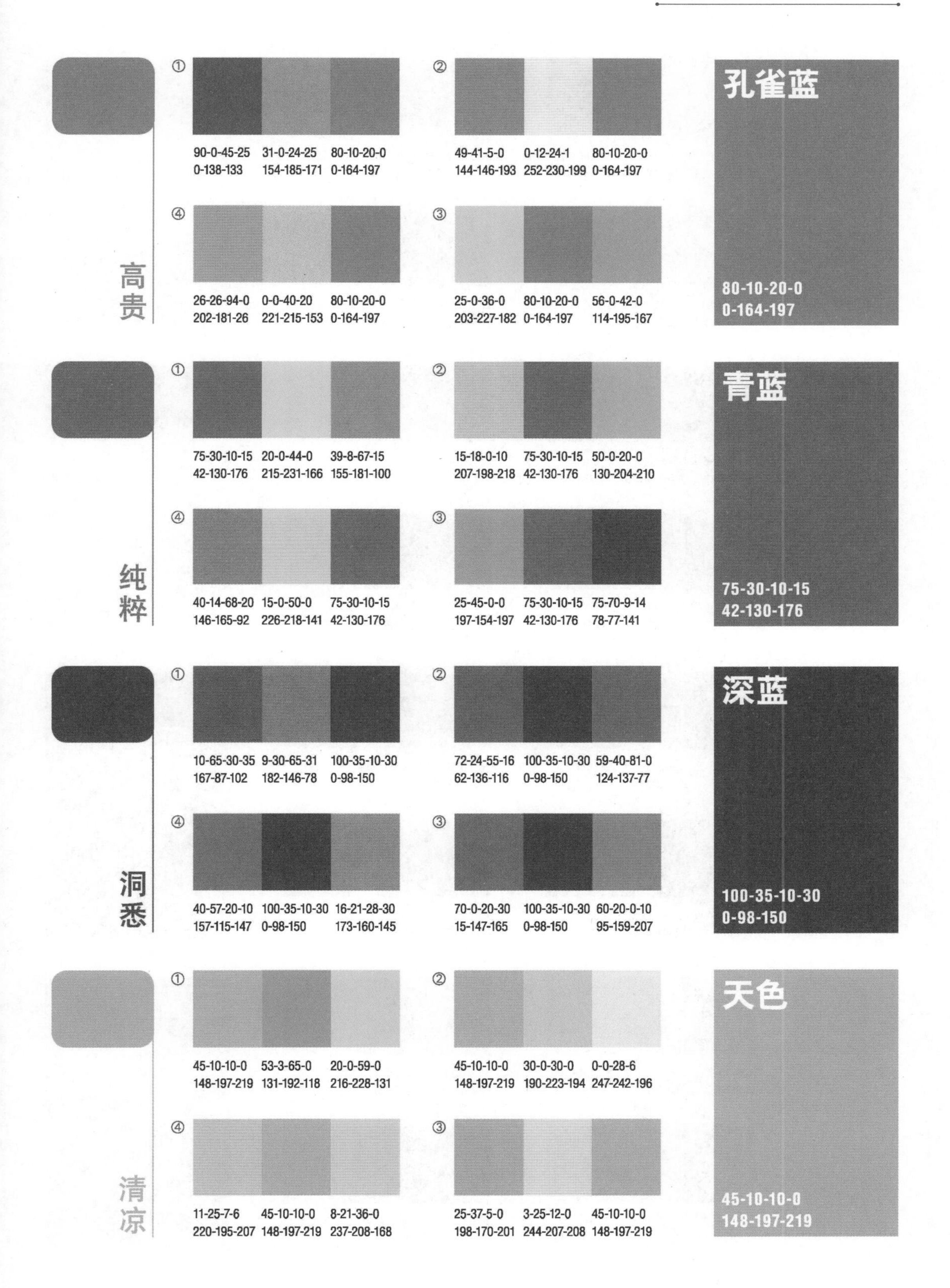
高贵
①
90-0-45-25 0-138-133
31-0-24-25 154-185-171
80-10-20-0 0-164-197
②
49-41-5-0 144-146-193
0-12-24-1 252-230-199
80-10-20-0 0-164-197
④
26-26-94-0 202-181-26
0-0-40-20 221-215-153
80-10-20-0 0-164-197
③
25-0-36-0 203-227-182
80-10-20-0 0-164-197
56-0-42-0 114-195-167
孔雀蓝
80-10-20-0
0-164-197
纯粹
①
75-30-10-15 42-130-176
20-0-44-0 215-231-166
39-8-67-15 155-181-100
②
15-18-0-10 207-198-218
75-30-10-15 42-130-176
50-0-20-0 130-204-210
④
40-14-68-20 146-165-92
15-0-50-0 226-218-141
75-30-10-15 42-130-176
③
25-45-0-0 197-154-197
75-30-10-15 42-130-176
75-70-9-14 78-77-141
青蓝
75-30-10-15
42-130-176
洞悉
①
10-65-30-35 167-87-102
9-30-65-31 182-146-78
100-35-10-30 0-98-150
②
72-24-55-16 62-136-116
100-35-10-30 0-98-150
59-40-81-0 124-137-77
④
40-57-20-10 157-115-147
100-35-10-30 0-98-150
16-21-28-30 173-160-145
③
70-0-20-30 15-147-165
100-35-10-30 0-98-150
60-20-0-10 95-159-207
深蓝
100-35-10-30
0-98-150
清凉
①
45-10-10-0 148-197-219
53-3-65-0 131-192-118
20-0-59-0 216-228-131
②
45-10-10-0 148-197-219
30-0-30-0 190-223-194
0-0-28-6 247-242-196
④
11-25-7-6 220-195-207
45-10-10-0 148-197-219
8-21-36-0 237-208-168
③
25-37-5-0 198-170-201
3-25-12-0 244-207-208
45-10-10-0 148-197-219
天色
45-10-10-0
148-197-219

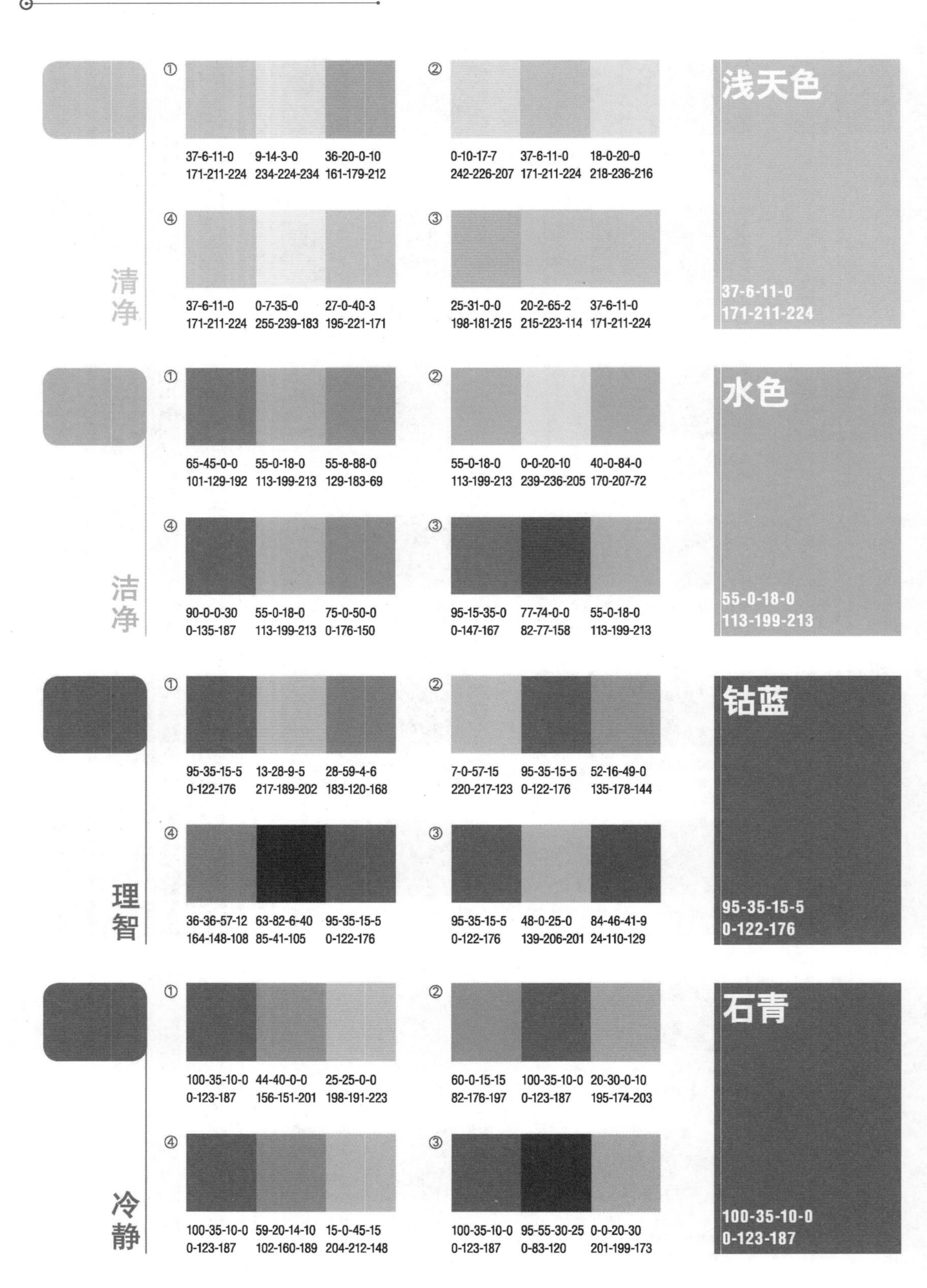
清净
①
37-6-11-0 171-211-224
9-14-3-0 234-224-234
36-20-0-10 161-179-212
②
0-10-17-7 242-226-207
37-6-11-0 171-211-224
18-0-20-0 218-236-216
④
37-6-11-0 171-211-224
0-7-35-0 255-239-183
27-0-40-3 195-221-171
③
25-31-0-0 198-181-215
20-2-65-2 215-223-114
37-6-11-0 171-211-224
浅天色
37-6-11-0
171-211-224
洁净
①
65-45-0-0 101-129-192
55-0-18-0 113-199-213
55-8-88-0 129-183-69
②
55-0-18-0 113-199-213
0-0-20-10 239-236-205
40-0-84-0 170-207-72
④
90-0-0-30 0-135-187
55-0-18-0 113-199-213
75-0-50-0 0-176-150
③
95-15-35-0 0-147-167
77-74-0-0 82-77-158
55-0-18-0 113-199-213
水色
55-0-18-0
113-199-213
理智
①
95-35-15-5 0-122-176
13-28-9-5 217-189-202
28-59-4-6 183-120-168
②
7-0-57-15 220-217-123
95-35-15-5 0-122-176
52-16-49-0 135-178-144
④
36-36-57-12 164-148-108
63-82-6-40 85-41-105
95-35-15-5 0-122-176
③
95-35-15-5 0-122-176
48-0-25-0 139-206-201
84-46-41-9 24-110-129
钴蓝
95-35-15-5
0-122-176
冷静
①
100-35-10-0 0-123-187
44-40-0-0 156-151-201
25-25-0-0 198-191-223
②
60-0-15-15 82-176-197
100-35-10-0 0-123-187
20-30-0-10 195-174-203
④
100-35-10-0 0-123-187
59-20-14-10 102-160-189
15-0-45-15 204-212-148
③
100-35-10-0 0-123-187
95-55-30-25 0-83-120
0-0-20-30 201-199-173
石青
100-35-10-0
0-123-187

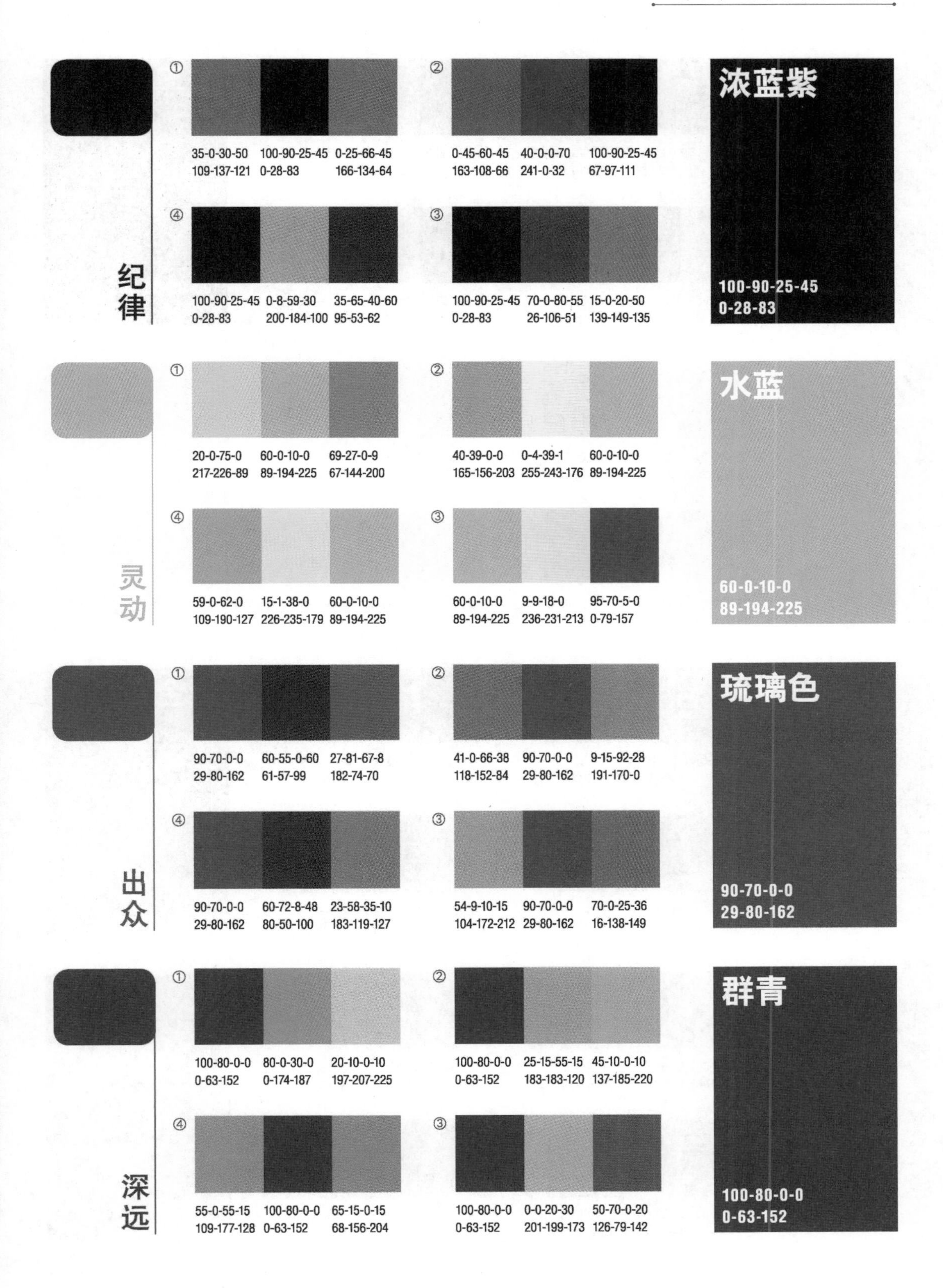
纪律
①
35-0-30-50 109-137-121
100-90-25-45 0-28-83
0-25-66-45 166-134-64
②
0-45-60-45 163-108-66
40-0-0-70 241-0-32
100-90-25-45 67-97-111
④
100-90-25-45 0-28-83
0-8-59-30 200-184-100
35-65-40-60 95-53-62
③
100-90-25-45 0-28-83
70-0-80-55 26-106-51
15-0-20-50 139-149-135
浓蓝紫
100-90-25-45
0-28-83
灵动
①
20-0-75-0 217-226-89
60-0-10-0 89-194-225
69-27-0-9 67-144-200
②
40-39-0-0 165-156-203
0-4-39-1 255-243-176
60-0-10-0 89-194-225
④
59-0-62-0 109-190-127
15-1-38-0 226-235-179
60-0-10-0 89-194-225
③
60-0-10-0 89-194-225
9-9-18-0 236-231-213
95-70-5-0 0-79-157
水蓝
60-0-10-0
89-194-225
出众
①
90-70-0-0 29-80-162
60-55-0-60 61-57-99
27-81-67-8 182-74-70
②
41-0-66-38 118-152-84
90-70-0-0 29-80-162
9-15-92-28 191-170-0
④
90-70-0-0 29-80-162
60-72-8-48 80-50-100
23-58-35-10 183-119-127
③
54-9-10-15 104-172-212
90-70-0-0 29-80-162
70-0-25-36 16-138-149
琉璃色
90-70-0-0
29-80-162
深远
①
100-80-0-0 0-63-152
80-0-30-0 0-174-187
20-10-0-10 197-207-225
②
100-80-0-0 0-63-152
25-15-55-15 183-183-120
45-10-0-10 137-185-220
④
55-0-55-15 109-177-128
100-80-0-0 0-63-152
65-15-0-15 68-156-204
③
100-80-0-0 0-63-152
0-0-20-30 201-199-173
50-70-0-20 126-79-142
群青
100-80-0-0
0-63-152

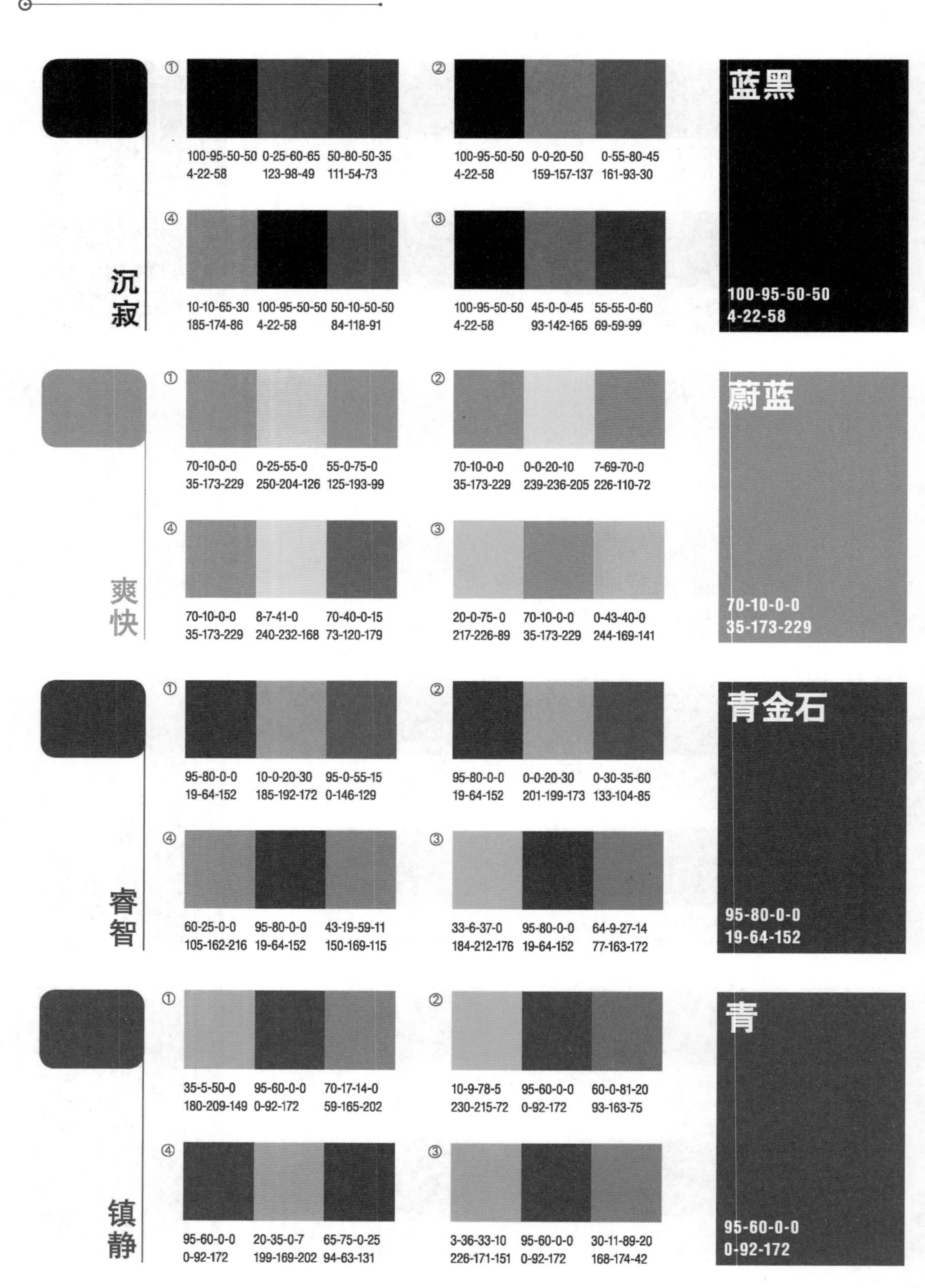
沉寂
①
100-95-50-50 4-22-58
0-25-60-65 123-98-49
50-80-50-35 111-54-73
②
100-95-50-50 4-22-58
0-0-20-50 159-157-137
0-55-80-45 161-93-30
④
10-10-65-30 185-174-86
100-95-50-50 4-22-58
50-10-50-50 84-118-91
③
100-95-50-50 4-22-58
45-0-0-45 93-142-165
55-55-0-60 69-59-99
蓝黑
100-95-50-50
4-22-58
爽快
①
70-10-0-0 35-173-229
0-25-55-0 250-204-126
55-0-75-0 125-193-99
②
70-10-0-0 35-173-229
0-0-20-10 239-236-205
7-69-70-0 226-110-72
④
70-10-0-0 35-173-229
8-7-41-0 240-232-168
70-40-0-15 73-120-179
③
20-0-75-0 217-226-89
70-10-0-0 35-173-229
0-43-40-0 244-169-141
蔚蓝
70-10-0-0
35-173-229
睿智
①
95-80-0-0 19-64-152
10-0-20-30 185-192-172
95-0-55-15 0-146-129
②
95-80-0-0 19-64-152
0-0-20-30 201-199-173
0-30-35-60 133-104-85
④
60-25-0-0 105-162-216
95-80-0-0 19-64-152
43-19-59-11 150-169-115
③
33-6-37-0 184-212-176
95-80-0-0 19-64-152
64-9-27-14 77-163-172
青金石
95-80-0-0
19-64-152
镇静
①
35-5-50-0 180-209-149
95-60-0-0 0-92-172
70-17-14-0 59-165-202
②
10-9-78-5 230-215-72
95-60-0-0 0-92-172
60-0-81-20 93-163-75
④
95-60-0-0 0-92-172
20-35-0-7 199-169-202
65-75-0-25 94-63-131
③
3-36-33-10 226-171-151
95-60-0-0 0-92-172
30-11-89-20 168-174-42
青
95-60-0-0
0-92-172

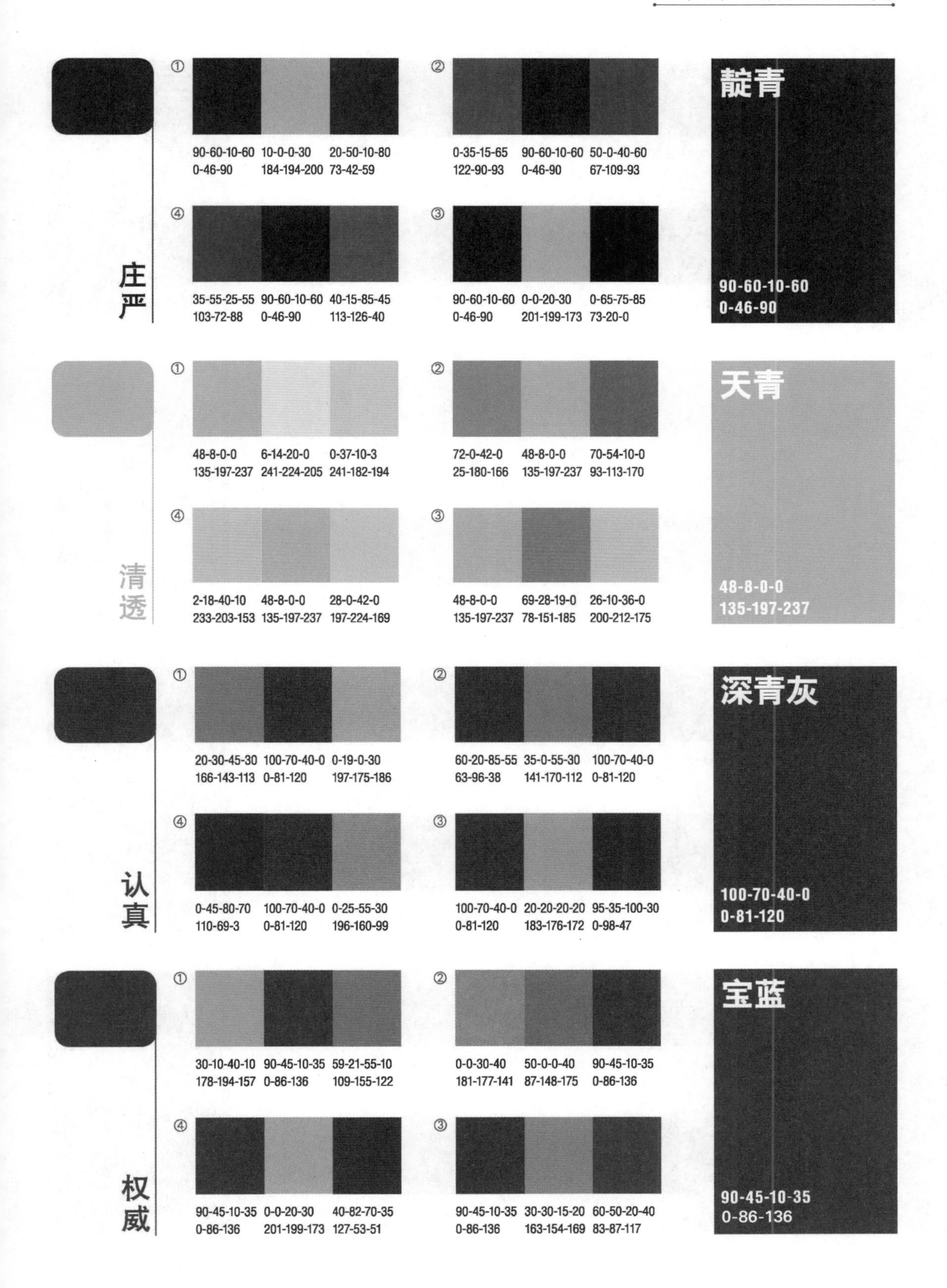
庄严
①
90-60-10-60 0-46-90
10-0-0-30 184-194-200
20-50-10-80 73-42-59
②
0-35-15-65 122-90-93
90-60-10-60 0-46-90
50-0-40-60 67-109-93
④
35-55-25-55 103-72-88
90-60-10-60 0-46-90
40-15-85-45 113-126-40
③
90-60-10-60 0-46-90
0-0-20-30 201-199-173
0-65-75-85 73-20-0
靛青
90-60-10-60
0-46-90
清透
①
48-8-0-0 135-197-237
6-14-20-0 241-224-205
0-37-10-3 241-182-194
②
72-0-42-0 25-180-166
48-8-0-0 135-197-237
70-54-10-0 93-113-170
④
2-18-40-10 233-203-153
48-8-0-0 135-197-237
28-0-42-0 197-224-169
③
48-8-0-0 135-197-237
69-28-19-0 78-151-185
26-10-36-0 200-212-175
天青
48-8-0-0
135-197-237
认真
①
20-30-45-30 166-143-113
100-70-40-0 0-81-120
0-19-0-30 197-175-186
②
60-20-85-55 63-96-38
35-0-55-30 141-170-112
100-70-40-0 0-81-120
④
0-45-80-70 110-69-3
100-70-40-0 0-81-120
0-25-55-30 196-160-99
③
100-70-40-0 0-81-120
20-20-20-20 183-176-172
95-35-100-30 0-98-47
深青灰
100-70-40-0
0-81-120
权威
①
30-10-40-10 178-194-157
90-45-10-35 0-86-136
59-21-55-10 109-155-122
②
0-0-30-40 181-177-141
50-0-0-40 87-148-175
90-45-10-35 0-86-136
④
90-45-10-35 0-86-136
0-0-20-30 201-199-173
40-82-70-35 127-53-51
③
90-45-10-35 0-86-136
30-30-15-20 163-154-169
60-50-20-40 83-87-117
宝蓝
90-45-10-35
0-86-136

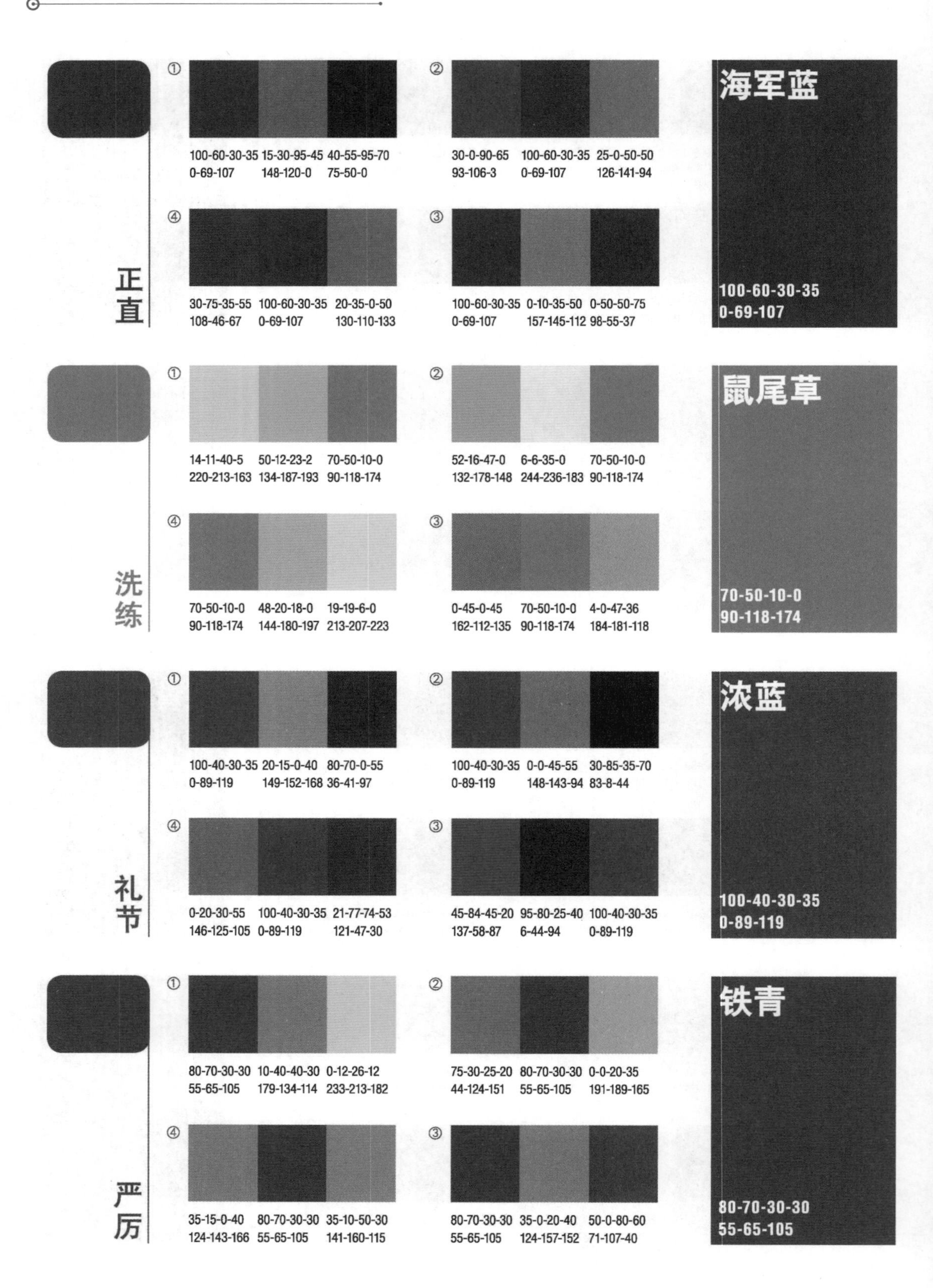
正直
①
100-60-30-35 0-69-107
15-30-95-45 148-120-0
40-55-95-70 75-50-0
②
30-0-90-65 93-106-3
100-60-30-35 0-69-107
25-0-50-50 126-141-94
④
30-75-35-55 108-46-67
100-60-30-35 0-69-107
20-35-0-50 130-110-133
③
100-60-30-35 0-69-107
0-10-35-50 157-145-112
0-50-50-75 98-55-37
海军蓝
100-60-30-35
0-69-107
洗练
①
14-11-40-5 220-213-163
50-12-23-2 134-187-193
70-50-10-0 90-118-174
②
52-16-47-0 132-178-148
6-6-35-0 244-236-183
70-50-10-0 90-118-174
④
70-50-10-0 90-118-174
48-20-18-0 144-180-197
19-19-6-0 213-207-223
③
0-45-0-45 162-112-135
70-50-10-0 90-118-174
4-0-47-36 184-181-118
鼠尾草
70-50-10-0
90-118-174
礼节
①
100-40-30-35 0-89-119
20-15-0-40 149-152-168
80-70-0-55 36-41-97
②
100-40-30-35 0-89-119
0-0-45-55 148-143-94
30-85-35-70 83-8-44
④
0-20-30-55 146-125-105
100-40-30-35 0-89-119
21-77-74-53 121-47-30
③
45-84-45-20 137-58-87
95-80-25-40 6-44-94
100-40-30-35 0-89-119
浓蓝
100-40-30-35
0-89-119
严厉
①
80-70-30-30 55-65-105
10-40-40-30 179-134-114
0-12-26-12 233-213-182
②
75-30-25-20 44-124-151
80-70-30-30 55-65-105
0-0-20-35 191-189-165
④
35-15-0-40 124-143-166
80-70-30-30 55-65-105
35-10-50-30 141-160-115
③
80-70-30-30 55-65-105
35-0-20-40 124-157-152
50-0-80-60 71-107-40
铁青
80-70-30-30
55-65-105

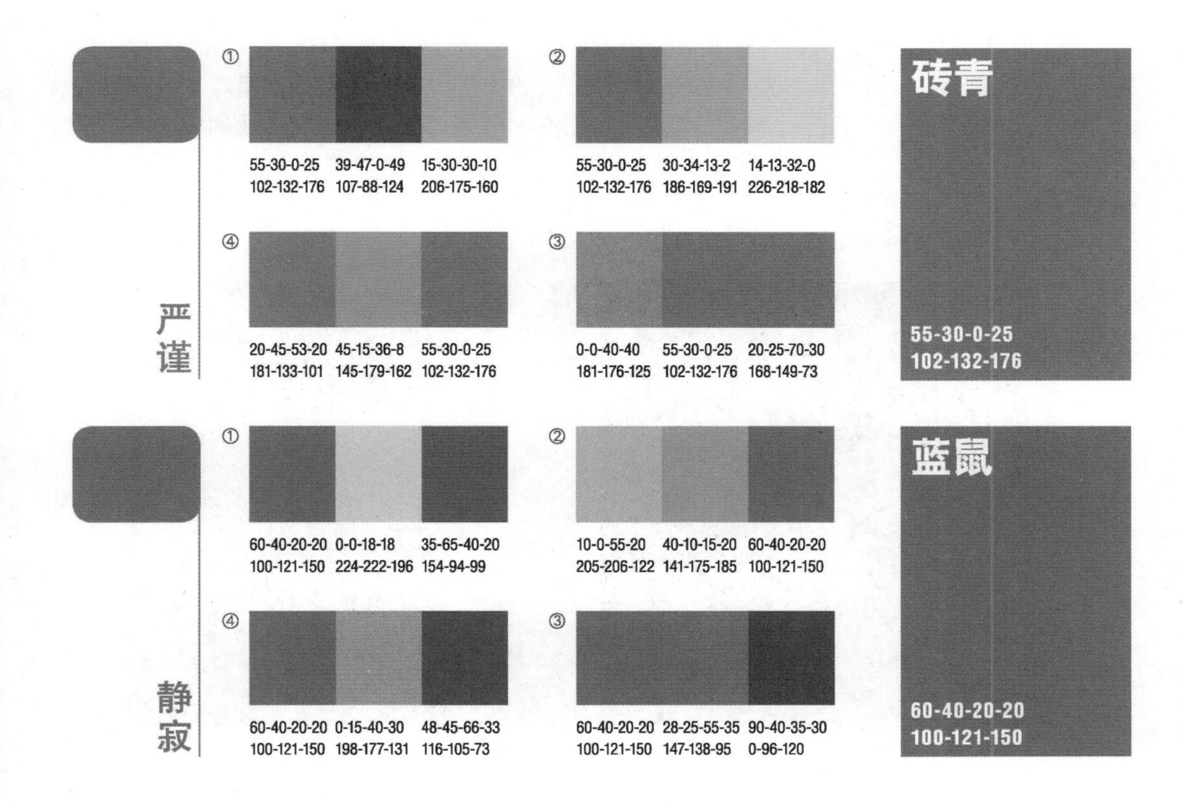

5.6 紫色的情感

紫色在可见光谱上波长最短，处于最暗的位置，是一个极易受明度影响而使情感意味截然相反的色彩。对紫色的运用很重要的一点是控制明度的变化，不同的明度可以形成不同情绪与象征意味的色彩。如紫色一经淡化，明度明显提高，会呈现出优雅、可爱的女性化意味，而在紫色中调入红色后，则可以形成大胆、娇艳、开放的心理感觉；调入蓝色形成蓝紫色，则会传达出孤寂、严厉、珍贵等精神意味。紫色是大自然中比较稀少的颜色，令人感到神秘、幽雅，同时又让人敬畏、忧郁，如图 5-20 所示。

图 5-20　调入不同颜色的紫色体现不同的感觉

紫色在中国历史上曾得到过较多的运用，据汉代的《汉官仪》中描述：当时官服的等级在颜色上规定为：天子佩黄绶带，诸侯佩赤绶带。唐代以后，紫色更成为五品以上宦官的着装色，而且还有紫气东来、紫云、紫官、紫黄等瑞福吉祥和等级象征的含义，我们所知道的紫禁城是一种权力的象征，而非涂满紫色的城池。在古埃及、古巴比伦等若干历史时期，直到19世纪的英国维多利亚时期，紫色多次被作为贵族的专用色。而在有些地方，如巴西，紫色被视为消极的、不吉祥的色彩，表示悲伤，如图5-21所示。

图 5-21　影视剧重点紫色服装设计

在创意方面，紫色服装设计常常打破常规，将传统与现代元素相结合。设计师可能会采用不同材质的面料拼接，或在紫色的基础上融入渐变、印花等元素，使服装呈现出层次丰富的视觉效果。同时，紫色也可以作为点缀色，与其他色彩如白色、灰色或相反色黄色相搭配，形成鲜明对比，增添整体造型的活力与趣味，如图5-22所示。

图 5-22　紫色调服装的创新设计

对于紫色服装设计来说，它不仅仅是一种流行趋势，更是个性表达的方式。穿上紫色的衣服，无论是深紫的沉稳还是浅紫的浪漫，都能让人在众人中脱颖而出，展现独特的审美观和自信的态度。紫色服装设计的魅力在于它能够适应各种风格，无论是优雅的晚宴长裙，还是日常的休闲装，紫色都能够提供无限的可能性，如图 5-23 所示。

图 5-23　各种风格的紫色服装设计

配色色谱实例参考：

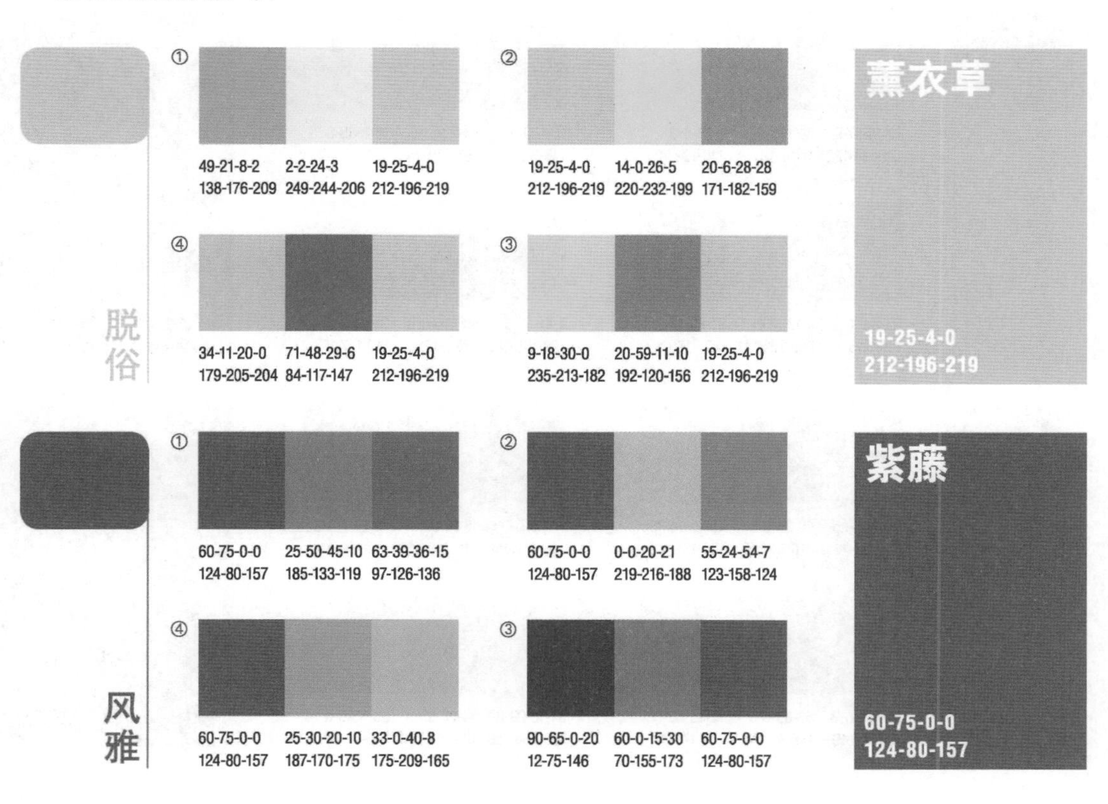

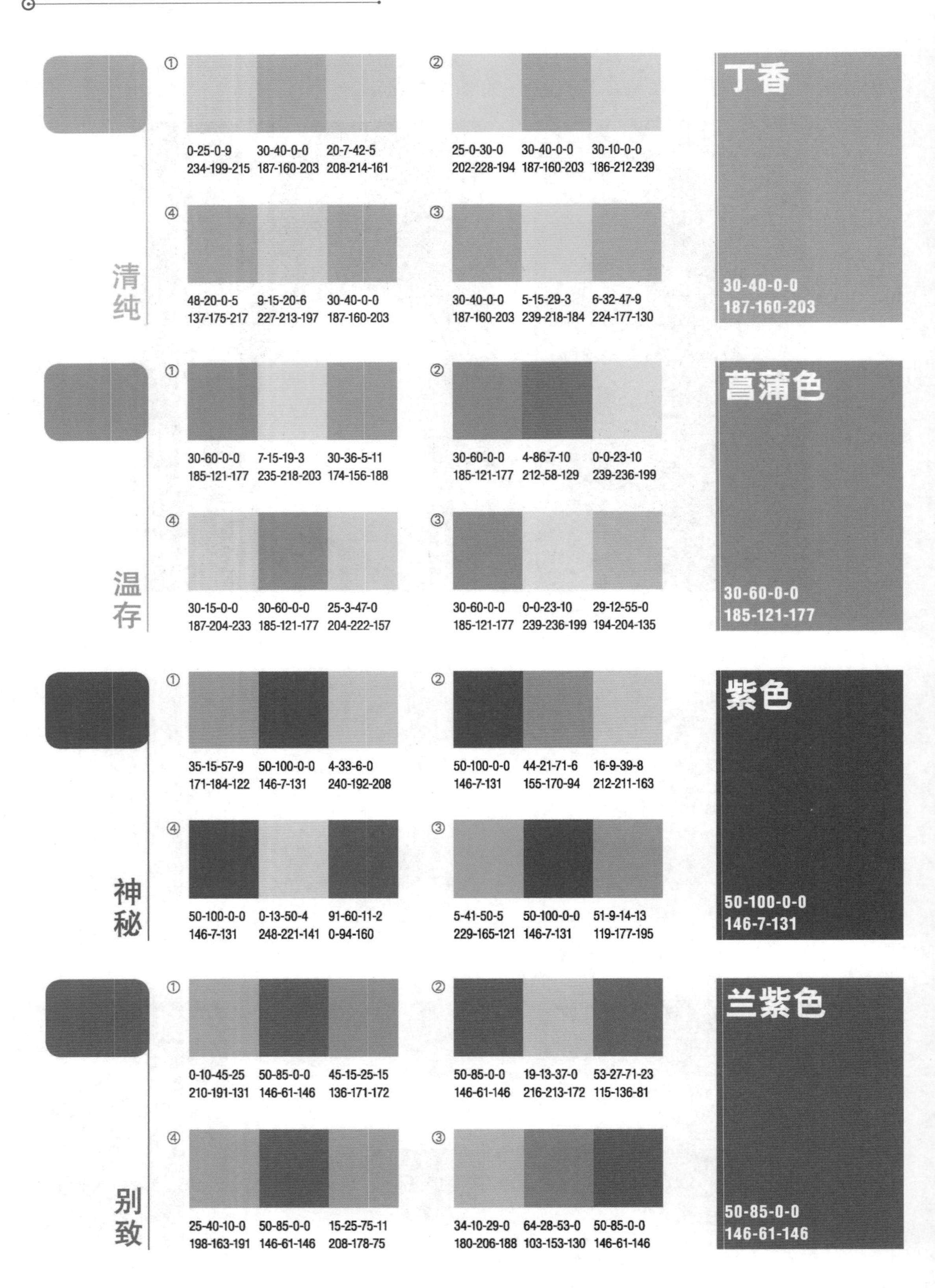

清纯
①
0-25-0-9 30-40-0-0 20-7-42-5
234-199-215 187-160-203 208-214-161
②
25-0-30-0 30-40-0-0 30-10-0-0
202-228-194 187-160-203 186-212-239
④
48-20-0-5 9-15-20-6 30-40-0-0
137-175-217 227-213-197 187-160-203
③
30-40-0-0 5-15-29-3 6-32-47-9
187-160-203 239-218-184 224-177-130
丁香
30-40-0-0
187-160-203
温存
①
30-60-0-0 7-15-19-3 30-36-5-11
185-121-177 235-218-203 174-156-188
②
30-60-0-0 4-86-7-10 0-0-23-10
185-121-177 212-58-129 239-236-199
④
30-15-0-0 30-60-0-0 25-3-47-0
187-204-233 185-121-177 204-222-157
③
30-60-0-0 0-0-23-10 29-12-55-0
185-121-177 239-236-199 194-204-135
菖蒲色
30-60-0-0
185-121-177
神秘
①
35-15-57-9 50-100-0-0 4-33-6-0
171-184-122 146-7-131 240-192-208
②
50-100-0-0 44-21-71-6 16-9-39-8
146-7-131 155-170-94 212-211-163
④
50-100-0-0 0-13-50-4 91-60-11-2
146-7-131 248-221-141 0-94-160
③
5-41-50-5 50-100-0-0 51-9-14-13
229-165-121 146-7-131 119-177-195
紫色
50-100-0-0
146-7-131
别致
①
0-10-45-25 50-85-0-0 45-15-25-15
210-191-131 146-61-146 136-171-172
②
50-85-0-0 19-13-37-0 53-27-71-23
146-61-146 216-213-172 115-136-81
④
25-40-10-0 50-85-0-0 15-25-75-11
198-163-191 146-61-146 208-178-75
③
34-10-29-0 64-28-53-0 50-85-0-0
180-206-188 103-153-130 146-61-146
兰紫色
50-85-0-0
146-61-146

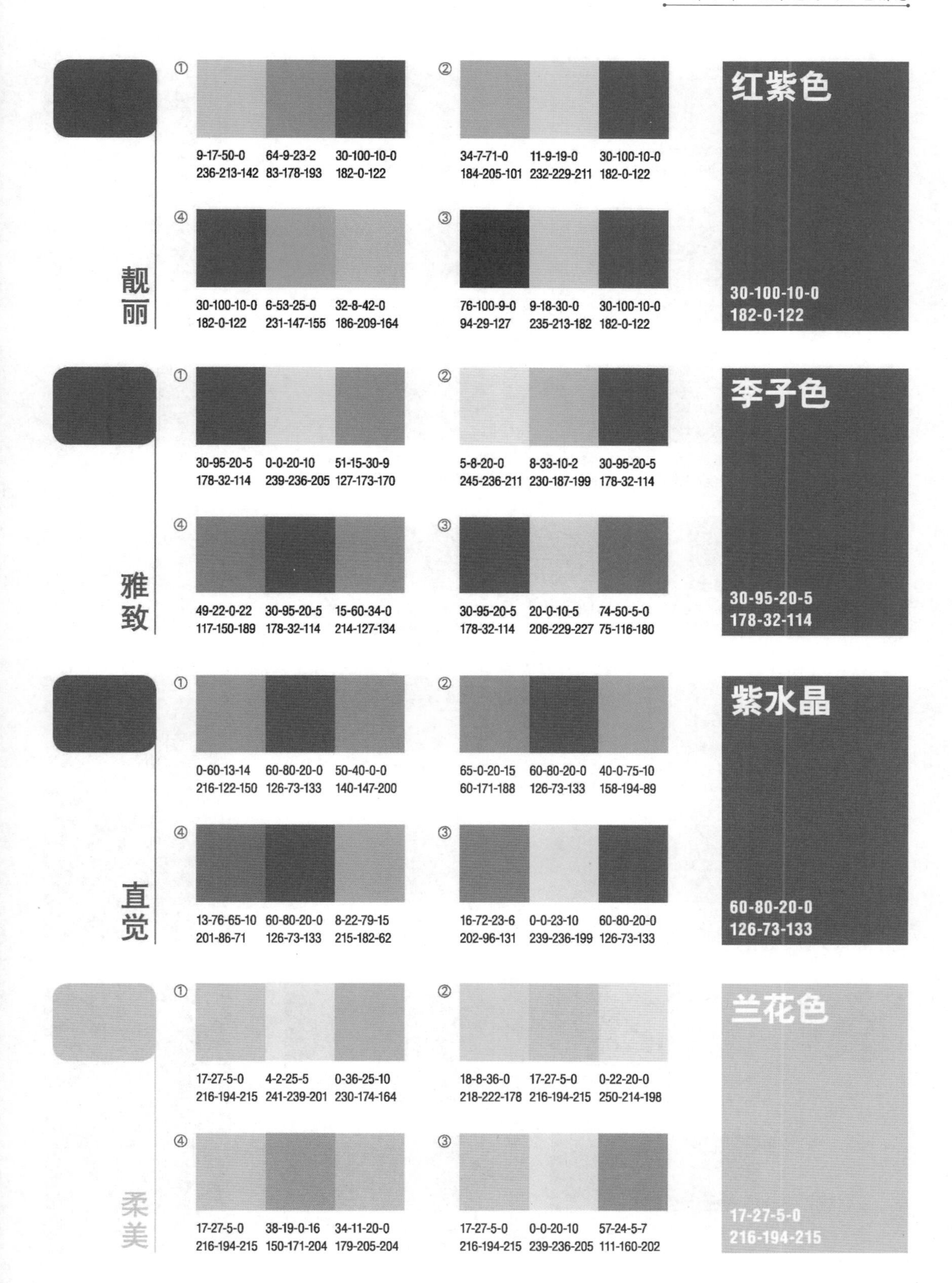
靓丽
①
9-17-50-0 236-213-142
64-9-23-2 83-178-193
30-100-10-0 182-0-122
②
34-7-71-0 184-205-101
11-9-19-0 232-229-211
30-100-10-0 182-0-122
④
30-100-10-0 182-0-122
6-53-25-0 231-147-155
32-8-42-0 186-209-164
③
76-100-9-0 94-29-127
9-18-30-0 235-213-182
30-100-10-0 182-0-122
红紫色
30-100-10-0
182-0-122
雅致
①
30-95-20-5 178-32-114
0-0-20-10 239-236-205
51-15-30-9 127-173-170
②
5-8-20-0 245-236-211
8-33-10-2 230-187-199
30-95-20-5 178-32-114
④
49-22-0-22 117-150-189
30-95-20-5 178-32-114
15-60-34-0 214-127-134
③
30-95-20-5 178-32-114
20-0-10-5 206-229-227
74-50-5-0 75-116-180
李子色
30-95-20-5
178-32-114
直觉
①
0-60-13-14 216-122-150
60-80-20-0 126-73-133
50-40-0-0 140-147-200
②
65-0-20-15 60-171-188
60-80-20-0 126-73-133
40-0-75-10 158-194-89
④
13-76-65-10 201-86-71
60-80-20-0 126-73-133
8-22-79-15 215-182-62
③
16-72-23-6 202-96-131
0-0-23-10 239-236-199
60-80-20-0 126-73-133
紫水晶
60-80-20-0
126-73-133
柔美
①
17-27-5-0 216-194-215
4-2-25-5 241-239-201
0-36-25-10 230-174-164
②
18-8-36-0 218-222-178
17-27-5-0 216-194-215
0-22-20-0 250-214-198
④
17-27-5-0 216-194-215
38-19-0-16 150-171-204
34-11-20-0 179-205-204
③
17-27-5-0 216-194-215
0-0-20-10 239-236-205
57-24-5-7 111-160-202
兰花色
17-27-5-0
216-194-215

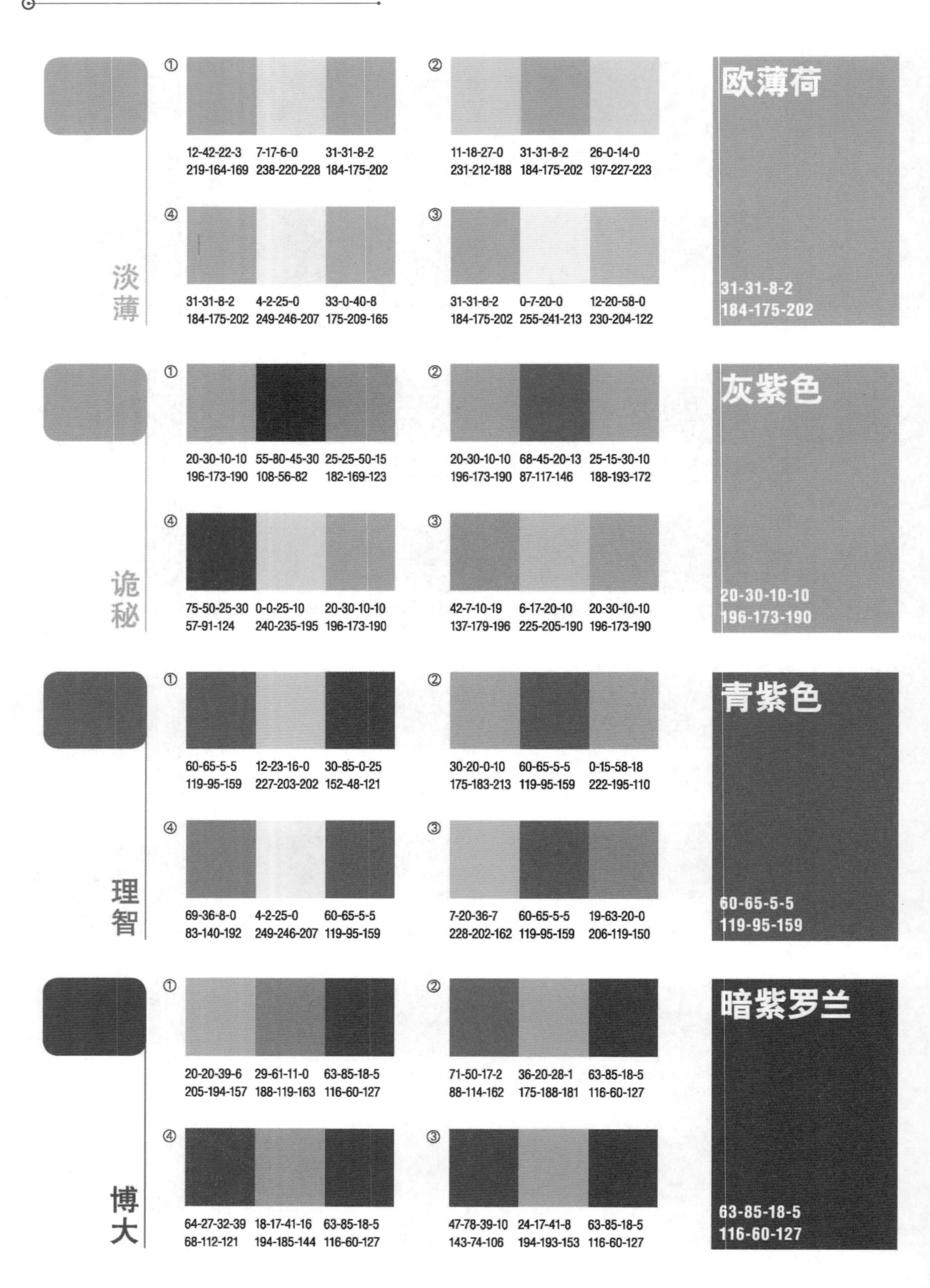
①
12-42-22-3 219-164-169
7-17-6-0 238-220-228
31-31-8-2 184-175-202
②
11-18-27-0 231-212-188
31-31-8-2 184-175-202
26-0-14-0 197-227-223
欧薄荷
④
31-31-8-2 184-175-202
4-2-25-0 249-246-207
33-0-40-8 175-209-165
③
31-31-8-2 184-175-202
0-7-20-0 255-241-213
12-20-58-0 230-204-122
淡薄
31-31-8-2
184-175-202
①
20-30-10-10 196-173-190
55-80-45-30 108-56-82
25-25-50-15 182-169-123
②
20-30-10-10 196-173-190
68-45-20-13 87-117-146
25-15-30-10 188-193-172
灰紫色
④
75-50-25-30 57-91-124
0-0-25-10 240-235-195
20-30-10-10 196-173-190
③
42-7-10-19 137-179-196
6-17-20-10 225-205-190
20-30-10-10 196-173-190
诡秘
20-30-10-10
196-173-190
①
60-65-5-5 119-95-159
12-23-16-0 227-203-202
30-85-0-25 152-48-121
②
30-20-0-10 175-183-213
60-65-5-5 119-95-159
0-15-58-18 222-195-110
青紫色
④
69-36-8-0 83-140-192
4-2-25-0 249-246-207
60-65-5-5 119-95-159
③
7-20-36-7 228-202-162
60-65-5-5 119-95-159
19-63-20-0 206-119-150
理智
60-65-5-5
119-95-159
①
20-20-39-6 205-194-157
29-61-11-0 188-119-163
63-85-18-5 116-60-127
②
71-50-17-2 88-114-162
36-20-28-1 175-188-181
63-85-18-5 116-60-127
暗紫罗兰
④
64-27-32-39 68-112-121
18-17-41-16 194-185-144
63-85-18-5 116-60-127
③
47-78-39-10 143-74-106
24-17-41-8 194-193-153
63-85-18-5 116-60-127
博大
63-85-18-5
116-60-127

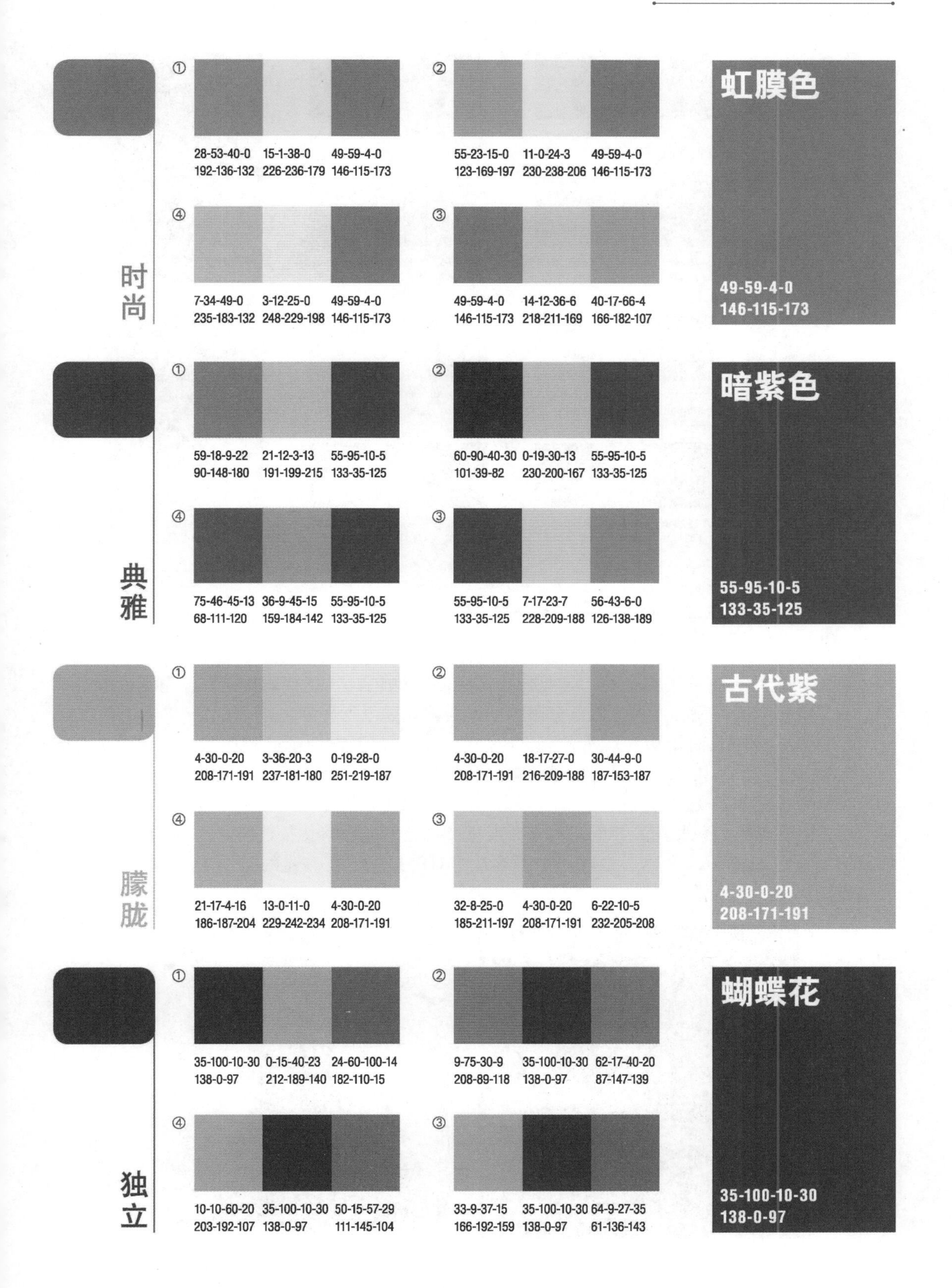

①
28-53-40-0 192-136-132
15-1-38-0 226-236-179
49-59-4-0 146-115-173
②
55-23-15-0 123-169-197
11-0-24-3 230-238-206
49-59-4-0 146-115-173
④
7-34-49-0 235-183-132
3-12-25-0 248-229-198
49-59-4-0 146-115-173
③
49-59-4-0 146-115-173
14-12-36-6 218-211-169
40-17-66-4 166-182-107
时尚
虹膜色
49-59-4-0
146-115-173
①
59-18-9-22 90-148-180
21-12-3-13 191-199-215
55-95-10-5 133-35-125
②
60-90-40-30 101-39-82
0-19-30-13 230-200-167
55-95-10-5 133-35-125
④
75-46-45-13 68-111-120
36-9-45-15 159-184-142
55-95-10-5 133-35-125
③
55-95-10-5 133-35-125
7-17-23-7 228-209-188
56-43-6-0 126-138-189
典雅
暗紫色
55-95-10-5
133-35-125
①
4-30-0-20 208-171-191
3-36-20-3 237-181-180
0-19-28-0 251-219-187
②
4-30-0-20 208-171-191
18-17-27-0 216-209-188
30-44-9-0 187-153-187
④
21-17-4-16 186-187-204
13-0-11-0 229-242-234
4-30-0-20 208-171-191
③
32-8-25-0 185-211-197
4-30-0-20 208-171-191
6-22-10-5 232-205-208
朦胧
古代紫
4-30-0-20
208-171-191
①
35-100-10-30 138-0-97
0-15-40-23 212-189-140
24-60-100-14 182-110-15
②
9-75-30-9 208-89-118
35-100-10-30 138-0-97
62-17-40-20 87-147-139
④
10-10-60-20 203-192-107
35-100-10-30 138-0-97
50-15-57-29 111-145-104
③
33-9-37-15 166-192-159
35-100-10-30 138-0-97
64-9-27-35 61-136-143
独立
蝴蝶花
35-100-10-30
138-0-97

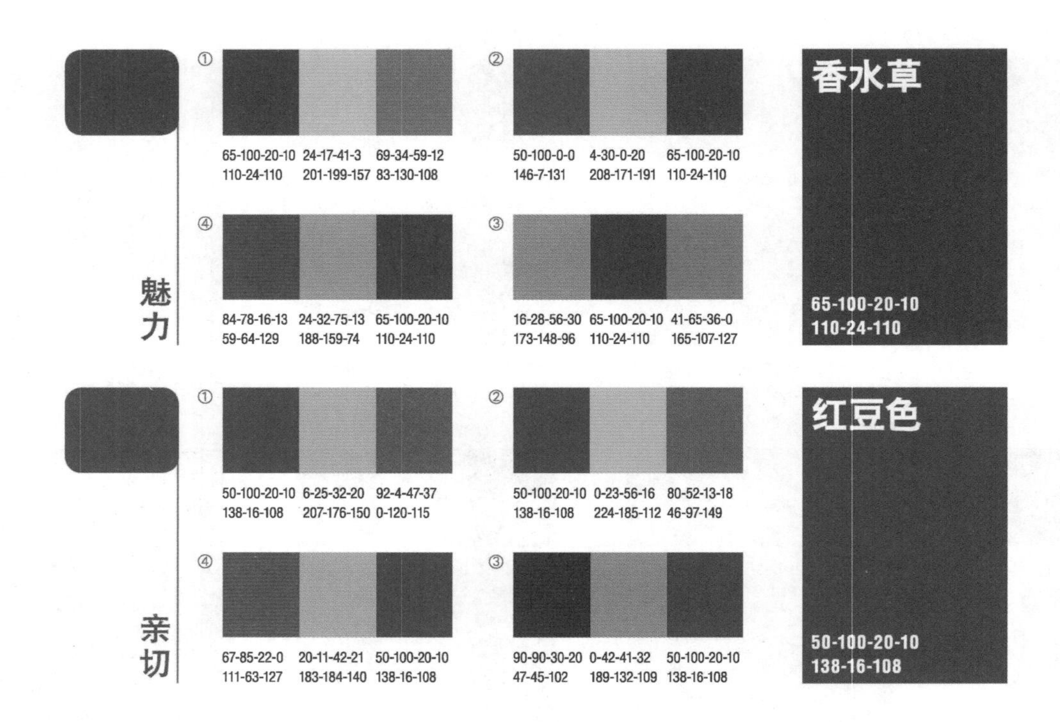

5.7 黑色的情感

黑色让人联想到漆黑的夜晚，是色彩中最深暗的颜色。黑色代表黑暗、寂静、沉默、恐惧、邪恶、灭亡及神秘。世界上大部分国家和民族都以黑色为丧色。

黑色身上同时具有消极和庄重、高贵、洒脱的品质，西方新郎的西服采用黑色是象征包容、义务与责任，中国“五行说”中黑色被视为天界的色彩，只有天顶、天的北极才是天帝之座，也只有夜色才是支配万物的天帝之色彩。黑色表示北方的冬天，象征着通往极乐世界的道路。黑色容易与其他色相配，相配时可充分发挥鲜艳色彩的性格特征，在色彩组合中则可起到调和的作用，如图 5-24 所示。自然色中不存在绝对的黑色，在有光的条件下，黑色吸收大部分色光，因而明视度较差。

图 5-24　黑色服装设计

5.8 白色的情感

在可见光谱中，白色是全部色彩的总和，故有全色光之称。在自然界中不存在绝对的白色，只要白色以视觉形式出现，就有不同程度的含灰度，并呈现出一定的有色倾向。白色是最明亮的色彩，从生理上看，白色归属于能够最少消耗人眼感光细胞，是最能满足视觉平衡要求的一类色彩。它与任何有彩色系的颜色并置都可取得悦目的色彩效果，且容易使人联想到白天、白雪，象征着光明、坦白、神圣、纯洁，具有轻松、朴素、清洁的性格特征。但大面积的白色容易产生空虚、单调、凄凉、虚无的感觉，如图 5-25 所示。

图 5-25　白色服装设计

白色不仅能与很多较强个性的色彩搭配，而且各色彩在渗入白色后均能提高明度，使色调变浅，并且表现出柔和、高雅、抒情、甜美的特性。在中国“五行说”中，白色与金色相对；四季中与秋天对应，所谓“秋素”，素与白同义，方位是西，如图 5-26 所示。

图 5-26　白色与其他颜色的服装搭配

5.9 灰色的情感

灰色是黑、白色之间的中间色，也是全色相与补色按比例混合的结果，灰色属于最大限度满足人眼对色彩明度舒适要求的中性色，能使人眼体会到生理上的惬意。浅灰色的性格特点类似白色，深灰色的性格特点类似黑色。

纯净的中灰色温和而雅致，表现出平凡、中庸、和平、模棱两可的性格特征。灰色在色彩搭配时发挥的作用与黑色、白色同样重要，配色时如果部分颜色炫目不协调，可在局部配以灰色，或在鲜艳的颜色中掺入灰色，调成含灰调，可以使配色效果变得含蓄而文静。当它与彩色相搭配时，各自的色彩魅力都可以被激发，如图 5-27 所示。

图 5-27　灰色服装设计

配色色谱实例参考：

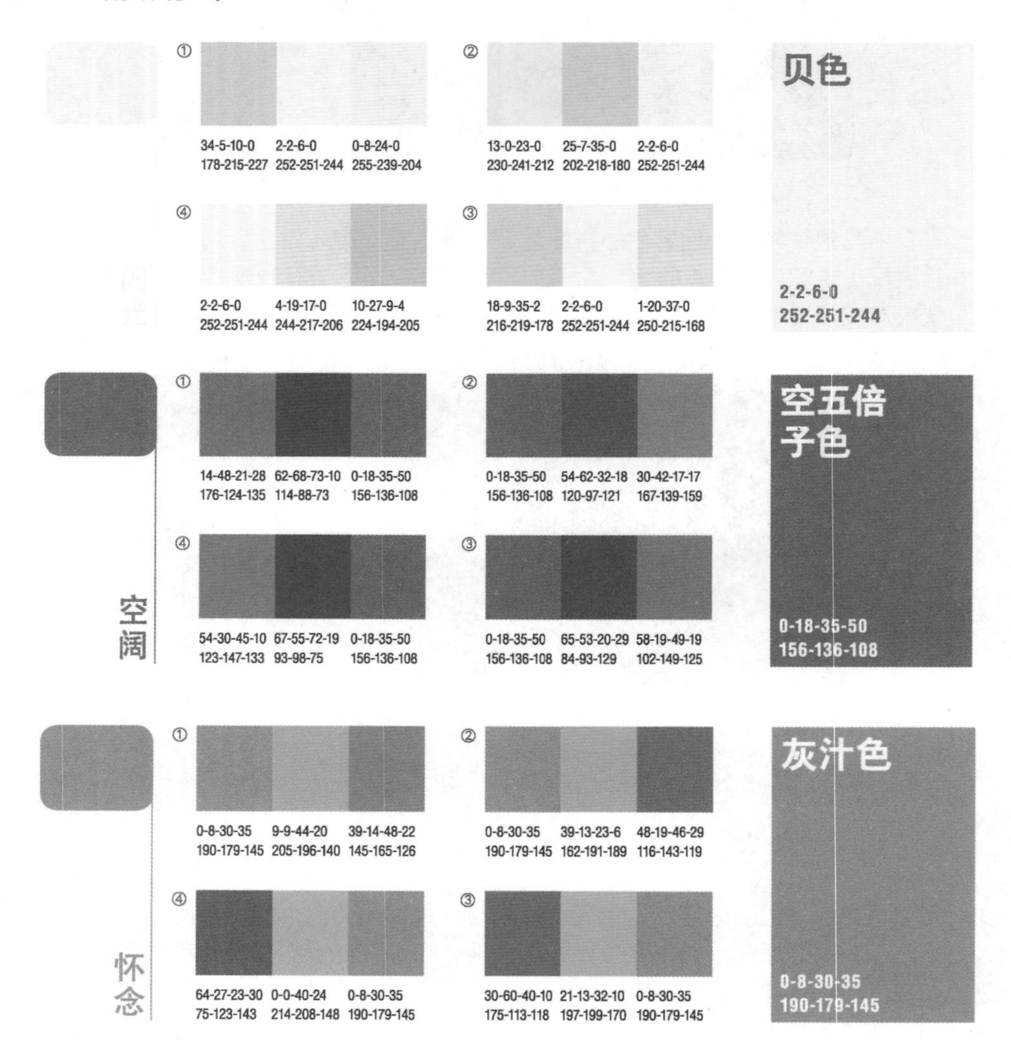

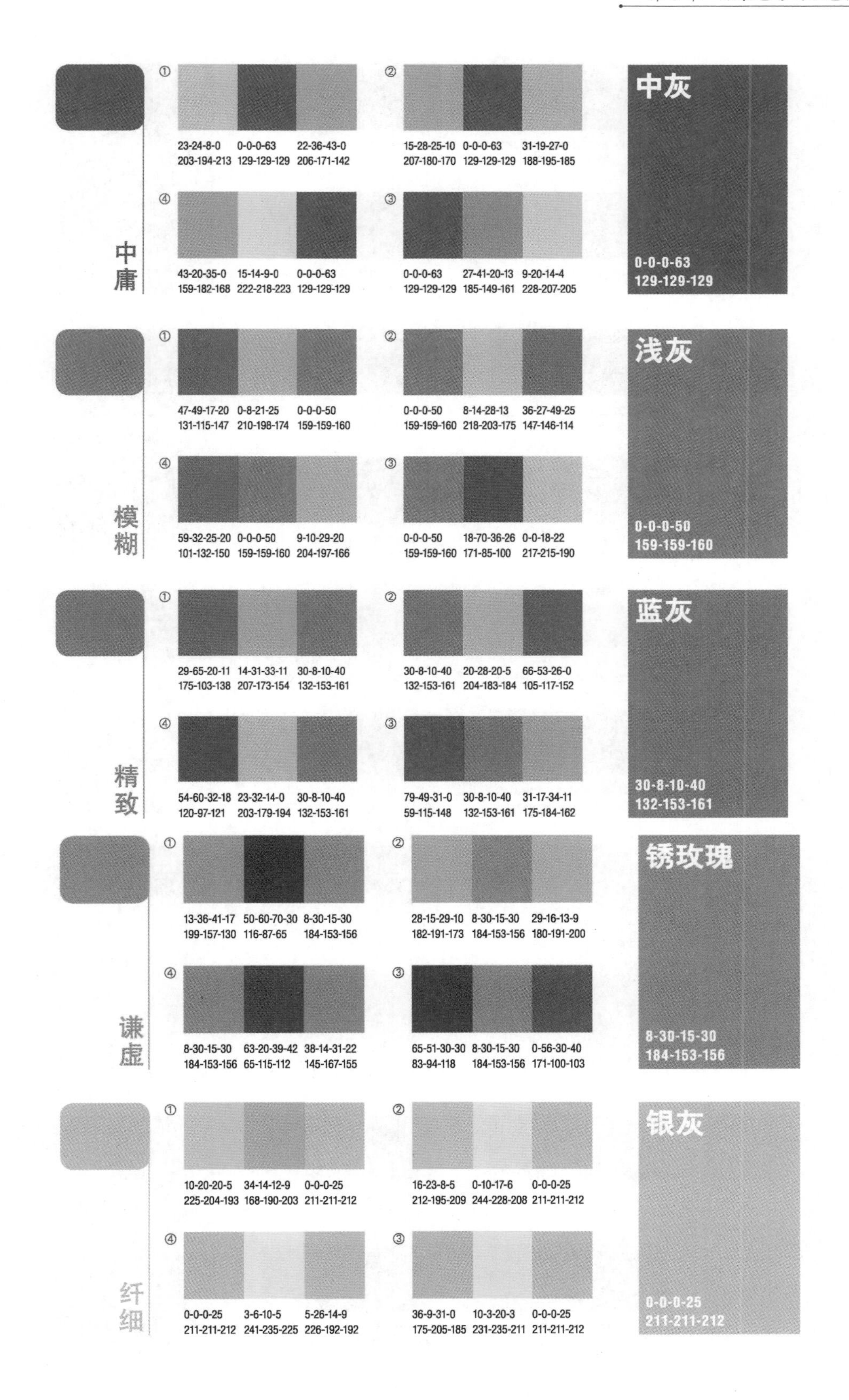

中庸
①
23-24-8-0 203-194-213
0-0-0-63 129-129-129
22-36-43-0 206-171-142
②
15-28-25-10 207-180-170
0-0-0-63 129-129-129
31-19-27-0 188-195-185
④
43-20-35-0 159-182-168
15-14-9-0 222-218-223
0-0-0-63 129-129-129
③
0-0-0-63 129-129-129
27-41-20-13 185-149-161
9-20-14-4 228-207-205
中灰
0-0-0-63
129-129-129
模糊
①
47-49-17-20 131-115-147
0-8-21-25 210-198-174
0-0-0-50 159-159-160
②
0-0-0-50 159-159-160
8-14-28-13 218-203-175
36-27-49-25 147-146-114
④
59-32-25-20 101-132-150
0-0-0-50 159-159-160
9-10-29-20 204-197-166
③
0-0-0-50 159-159-160
18-70-36-26 171-85-100
0-0-18-22 217-215-190
浅灰
0-0-0-50
159-159-160
精致
①
29-65-20-11 175-103-138
14-31-33-11 207-173-154
30-8-10-40 132-153-161
②
30-8-10-40 132-153-161
20-28-20-5 204-183-184
66-53-26-0 105-117-152
④
54-60-32-18 120-97-121
23-32-14-0 203-179-194
30-8-10-40 132-153-161
③
79-49-31-0 59-115-148
30-8-10-40 132-153-161
31-17-34-11 175-184-162
蓝灰
30-8-10-40
132-153-161
谦虚
①
13-36-41-17 199-157-130
50-60-70-30 116-87-65
8-30-15-30 184-153-156
②
28-15-29-10 182-191-173
8-30-15-30 184-153-156
29-16-13-9 180-191-200
④
8-30-15-30 184-153-156
63-20-39-42 65-115-112
38-14-31-22 145-167-155
③
65-51-30-30 83-94-118
8-30-15-30 184-153-156
0-56-30-40 171-100-103
锈玫瑰
8-30-15-30
184-153-156
纤细
①
10-20-20-5 225-204-193
34-14-12-9 168-190-203
0-0-0-25 211-211-212
②
16-23-8-5 212-195-209
0-10-17-6 244-228-208
0-0-0-25 211-211-212
④
0-0-0-25 211-211-212
3-6-10-5 241-235-225
5-26-14-9 226-192-192
③
36-9-31-0 175-205-185
10-3-20-3 231-235-211
0-0-0-25 211-211-212
银灰
0-0-0-25
211-211-212

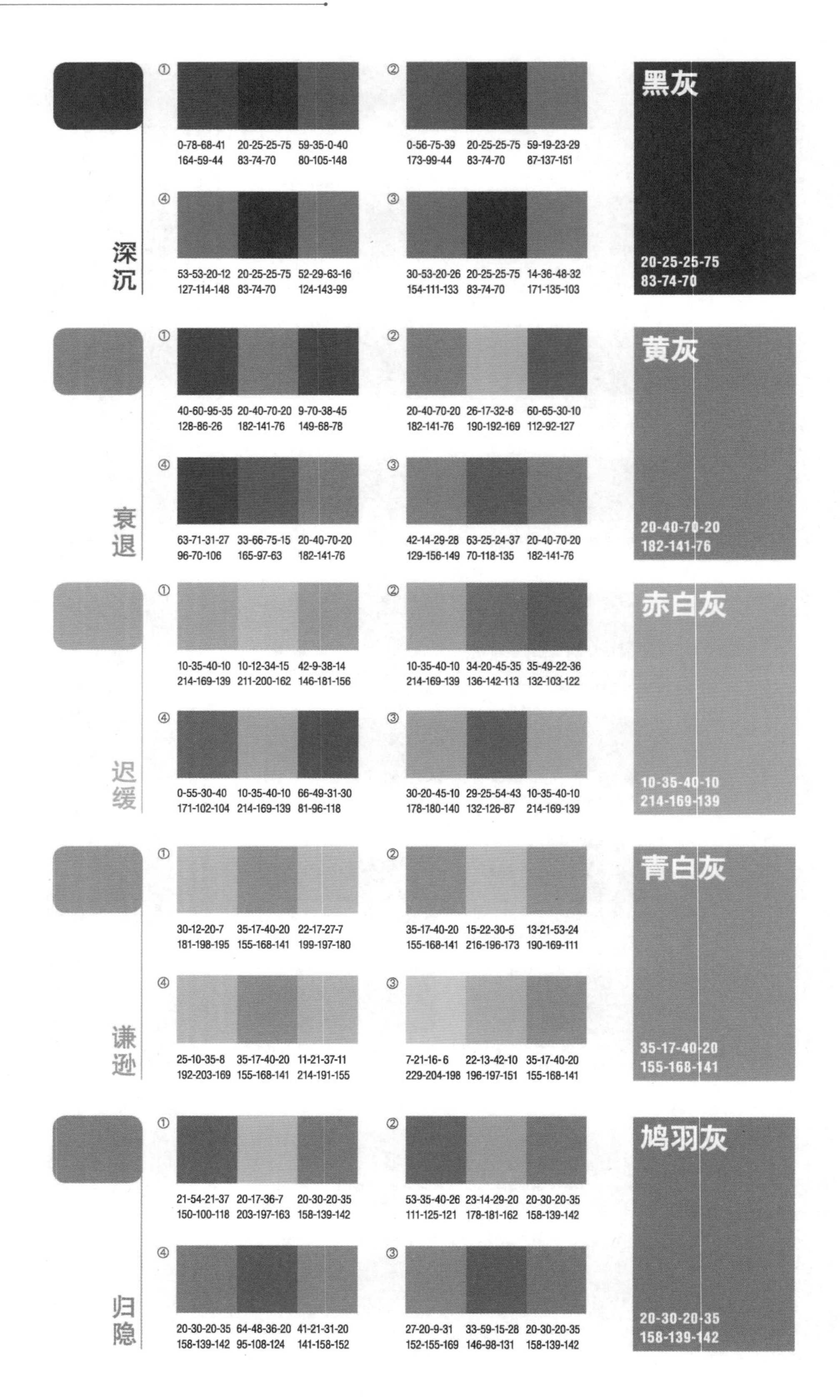
深沉
①
0-78-68-41 20-25-25-75 59-35-0-40
164-59-44 83-74-70 80-105-148
②
0-56-75-39 20-25-25-75 59-19-23-29
173-99-44 83-74-70 87-137-151
④
53-53-20-12 20-25-25-75 52-29-63-16
127-114-148 83-74-70 124-143-99
③
30-53-20-26 20-25-25-75 14-36-48-32
154-111-133 83-74-70 171-135-103
黑灰
20-25-25-75
83-74-70
衰退
①
40-60-95-35 20-40-70-20 9-70-38-45
128-86-26 182-141-76 149-68-78
②
20-40-70-20 26-17-32-8 60-65-30-10
182-141-76 190-192-169 112-92-127
④
63-71-31-27 33-66-75-15 20-40-70-20
96-70-106 165-97-63 182-141-76
③
42-14-29-28 63-25-24-37 20-40-70-20
129-156-149 70-118-135 182-141-76
黄灰
20-40-70-20
182-141-76
迟缓
①
10-35-40-10 10-12-34-15 42-9-38-14
214-169-139 211-200-162 146-181-156
②
10-35-40-10 34-20-45-35 35-49-22-36
214-169-139 136-142-113 132-103-122
④
0-55-30-40 10-35-40-10 66-49-31-30
171-102-104 214-169-139 81-96-118
③
30-20-45-10 29-25-54-43 10-35-40-10
178-180-140 132-126-87 214-169-139
赤白灰
10-35-40-10
214-169-139
谦逊
①
30-12-20-7 35-17-40-20 22-17-27-7
181-198-195 155-168-141 199-197-180
②
35-17-40-20 15-22-30-5 13-21-53-24
155-168-141 216-196-173 190-169-111
④
25-10-35-8 35-17-40-20 11-21-37-11
192-203-169 155-168-141 214-191-155
③
7-21-16-6 22-13-42-10 35-17-40-20
229-204-198 196-197-151 155-168-141
青白灰
35-17-40-20
155-168-141
归隐
①
21-54-21-37 20-17-36-7 20-30-20-35
150-100-118 203-197-163 158-139-142
②
53-35-40-26 23-14-29-20 20-30-20-35
111-125-121 178-181-162 158-139-142
④
20-30-20-35 64-48-36-20 41-21-31-20
158-139-142 95-108-124 141-158-152
③
27-20-9-31 33-59-15-28 20-30-20-35
152-155-169 146-98-131 158-139-142
鸠羽灰
20-30-20-35
158-139-142

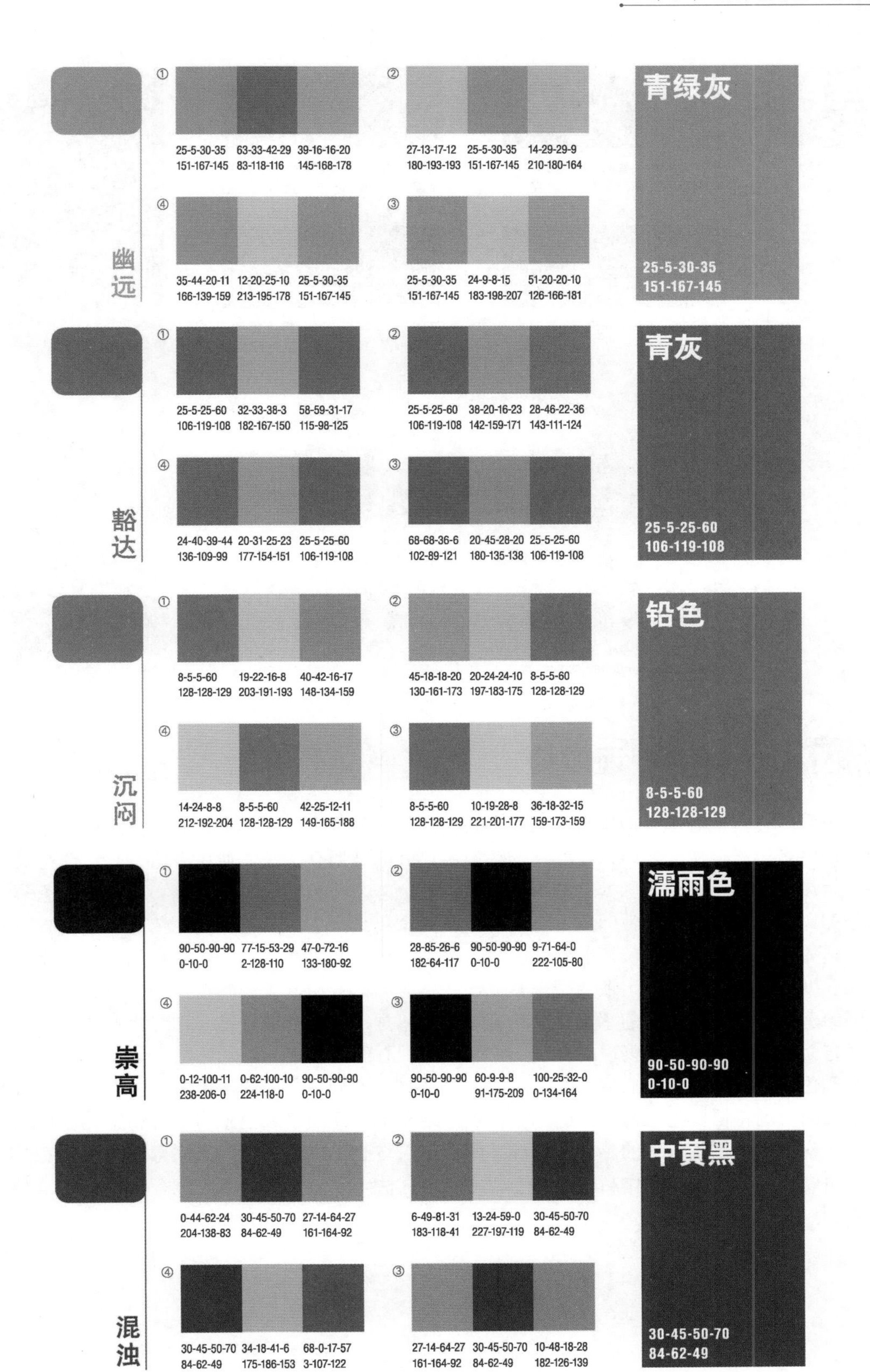
幽远
① 25-5-30-35 151-167-145　63-33-42-29 83-118-116　39-16-16-20 145-168-178
② 27-13-17-12 180-193-193　25-5-30-35 151-167-145　14-29-29-9 210-180-164
④ 35-44-20-11 166-139-159　12-20-25-10 213-195-178　25-5-30-35 151-167-145
③ 25-5-30-35 151-167-145　24-9-8-15 183-198-207　51-20-20-10 126-166-181
青绿灰
25-5-30-35
151-167-145
豁达
① 25-5-25-60 106-119-108　32-33-38-3 182-167-150　58-59-31-17 115-98-125
② 25-5-25-60 106-119-108　38-20-16-23 142-159-171　28-46-22-36 143-111-124
④ 24-40-39-44 136-109-99　20-31-25-23 177-154-151　25-5-25-60 106-119-108
③ 68-68-36-6 102-89-121　20-45-28-20 180-135-138　25-5-25-60 106-119-108
青灰
25-5-25-60
106-119-108
沉闷
① 8-5-5-60 128-128-129　19-22-16-8 203-191-193　40-42-16-17 148-134-159
② 45-18-18-20 130-161-173　20-24-24-10 197-183-175　8-5-5-60 128-128-129
④ 14-24-8-8 212-192-204　8-5-5-60 128-128-129　42-25-12-11 149-165-188
③ 8-5-5-60 128-128-129　10-19-28-8 221-201-177　36-18-32-15 159-173-159
铅色
8-5-5-60
128-128-129
崇高
① 90-50-90-90 0-10-0　77-15-53-29 2-128-110　47-0-72-16 133-180-92
② 28-85-26-6 182-64-117　90-50-90-90 0-10-0　9-71-64-0 222-105-80
④ 0-12-100-11 238-206-0　0-62-100-10 224-118-0　90-50-90-90 0-10-0
③ 90-50-90-90 0-10-0　60-9-9-8 91-175-209　100-25-32-0 0-134-164
濡雨色
90-50-90-90
0-10-0
混浊
① 0-44-62-24 204-138-83　30-45-50-70 84-62-49　27-14-64-27 161-164-92
② 6-49-81-31 183-118-41　13-24-59-0 227-197-119　30-45-50-70 84-62-49
④ 30-45-50-70 84-62-49　34-18-41-6 175-186-153　68-0-17-57 3-107-122
③ 27-14-64-27 161-164-92　30-45-50-70 84-62-49　10-48-18-28 182-126-139
中黄黑
30-45-50-70
84-62-49

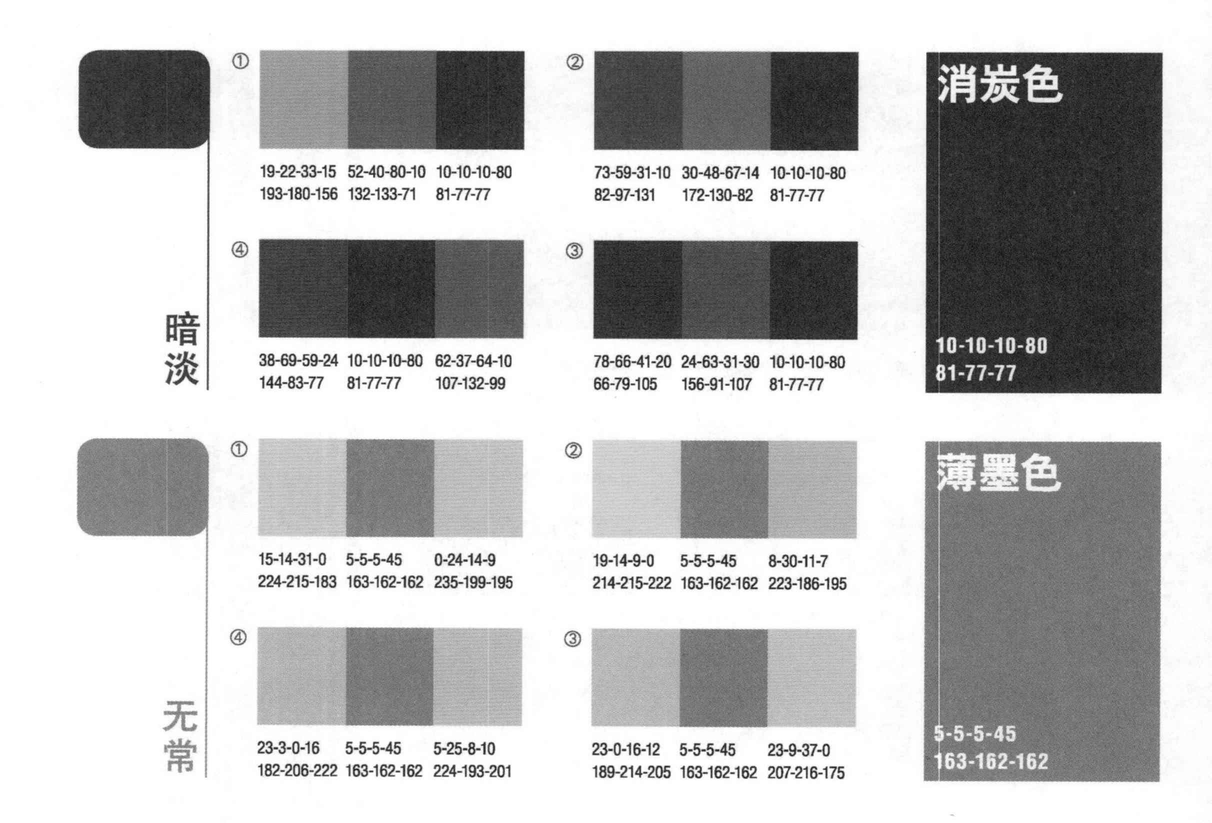

5.10 色彩的心理效应

色彩的直接性心理效应来自色彩的物理刺激对人的生理发生的直接影响。心理学家对此曾经作过许多实验。他们发现，在红色的环境中，人的脉搏会加快，血压有所升高，情绪兴奋冲动。而在蓝色的环境中，脉搏会减缓，情绪也较沉静。冷色与暖色是依据心理错觉对色彩的物理分类，对于颜色的物质性印象，大致有冷暖两个色系产生。波长长的红色光和橙色光、黄色光温暖的感觉；相反，波长短的紫色光、蓝色光、绿色光有寒冷的感觉。冷色与暖色除去给我们以温度上的不同感觉外，还会带来其他一些感受。比方说，暖色偏重，冷色偏轻；暖色有密度强的感觉，冷色有稀薄的感觉；冷色有退却的感觉，暖色有逼近感。这些感觉都是偏向于对物理方面的印象，而不是物理的真实，它属于一种心理错觉。

颜色引起的物质性的心理错觉，是艺术家或设计师最可利用的手段之一。不同气质的人具有不同的心理特征，他们对事物的态度以及情绪是不一样的，对色彩的审视和感受也有区别。有人观察颜色偏重生理上的感受，只注意颜色是否赏心悦目，也有人只注意它的饱和度、纯度以及明度。设计师在设计作品时要善于利用色彩这种元素。

第6章 男式服装配色实战

6.1 男式梭织

在时尚的舞台上，男士们总是以稳重、大气的形象示人。然而，随着时代的进步和审美的多元化，男士们也开始追求更加精致和个性化的着装风格。男式梭织服饰，正是这种追求下的产物，它采用精细的梭织工艺，为男士们带来了一种全新的优雅与精致的时尚体验。

以下是男式梭织的设计策略，如图 6-1 所示。

图 6-1　男式梭织的设计策略图

时髦极客：用一抹诙谐风格重新定义复古潮流，为之注入更为鲜活的生命力。

西部风潮：夹克与背心的巧妙结合，麂皮与流苏的点缀，铸就了独树一帜的西部风范。

图案混合：把花卉印花精巧地融入衬衫与领结之中，塑造出充满个性的折衷主义装扮。

酒会休闲夹克：借鉴 70 年代的设计元素，以对比色衣领和口袋线带彰显独特时尚感。

全新廓形：西服采用窄肩设计和全身皱缩廓形，带来前所未有的时尚体验。主打造型如图 6-2 所示。

图 6-2　男式梭织的主打造型

6.1.1　纤瘦 A 字型大衣

纤瘦 A 字型大衣与趣味印花的结合，是对传统时尚的一种致敬，也是对现代审美的一次革新。它告诉我们，时尚不是一成不变的，而是在不断的探索与尝试中，寻找到属于自己的独特风格。在这个夏天，让我们一起穿上这件融合了复古与现代、经典与创新的大衣，展现出不一样的自己，如图 6-3 所示。

图 6-3　纤瘦 A 字型大衣

6.1.2　西部流苏夹克

西部服装的装饰性流苏镶边与飘逸面料的结合，不仅复苏了牛仔风格，更将这种风格推向了一个新的高度。它让我们看到了传统与现代的和谐共存，感受到了时尚的无限可能，如图 6-4 所示。

图 6-4　西部流苏夹克

6.1.3　鹿皮背心

通过运用流苏与绑扎带闭口的牛仔经典元素，以及鹿皮背心与图案衬衫、长裤的材质混合，我们成功打造出了一种向狂野西部进发的复古风尚。这种风尚不仅体现了我们对经典元素的尊重与传承，更展现了我们对现代设计的探索与创新，展现出不一样的自己，如图 6-5 所示。

图 6-5　鹿皮背心

6.1.4　修身西服

打造具有简约细节的修身西服，同时重拾 20 世纪 60 年代布料的复古纹理，不仅是一种时尚的创新，更是对传统与现代的深刻思考。在这个过程中，我们不仅能够看到设计师的匠心独运，更能体会到时尚作为一种文化，如何在不断的变革中传承与发展，如图 6-6 所示。

图 6-6　修身西服

6.1.5　时尚短裤

高腰短裤的魅力在于它的多样性和包容性。无论是牛仔布料的率性，还是棉麻材质的轻盈，都能在高腰的设计下展现出不同的风采。搭配上一条精致的编织腰带，不仅能够提升整体的造型感，还能够巧妙地划分出完美的身形比例，让简约的装扮也能散发出高级的质感，如图 6-7 所示。

图 6-7　时尚短裤

6.1.6　复古印花家居裤

在时尚的世界里，复古印花总是能够唤起一种独特的情感和回忆。它们不仅仅是图案，更是一种时代的印记，一种文化的传承。当我们谈论到复古男性外观时，微小的海洋花纹和条纹等图案便成为了不可或缺的元素。这些图案不仅仅是视觉上的享受，更是个性与品位的象征，如图 6-8 所示。

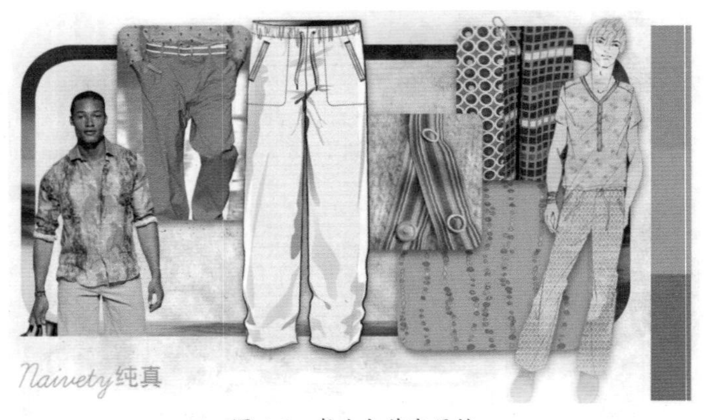

图 6-8　复古印花家居裤

6.2　男式针织

男式针织的多样性是其吸引人的一大特点。从传统的毛衣、开衫到现代的针织背心、围巾，再到各种创新的设计，如针织夹克、针织裤等，男式针织的种类繁多，满足了不同场合、不同风格的需求。无论是休闲的周末聚会，还是正式的商务会议，男式针织都能为男士们提供合适的装扮。

以下是男式针织的设计策略，如图 6-9 所示。

浅色魅力：利用开口线缝技巧，创造出独特的半透明效果。

休闲选择：这款背心采用双层平纹针织布料制作，舒适又时尚。

图 6-9　男式针织的设计策略图

薄纱轻盈：由色彩鲜艳的超精细薄纱层层叠加，营造出丰富视觉效果。

网眼设计：轻松休闲的褶皱开襟毛衫，采用网眼设计，增添细节之美。

Jaipur 蓝调：借助植物染色技术，赋予织物自然的蓝色，呈现出独特的天然色泽。主打造型如图 6-10 所示。

图 6-10　男式针织的主打造型

6.2.1　超大号不对称宽松背心

在色彩与图案的选择上，超大号不对称宽松背心同样不拘一格。无论是简约的纯色款，还是大胆的印花款，都能在这件背心上找到自己的位置。每一种颜色和图案的选择，都是对个性的一种表达，都是对时尚态度的一种宣言，如图 6-11 所示。

图 6-11　超大号不对称宽松背心

6.2.2 休闲长上装

经典运动衫，以其宽松舒适的剪裁和透气的面料，一直是休闲装扮中的常青树。然而，随着时尚界对传统与创新的不断探索，运动衫的形象也在悄然发生变化。长过臀部的设计，不仅赋予了运动衫全新的轮廓，更在视觉上拉长了身形比例，营造出一种随性而优雅的风格，如图 6-12 所示。

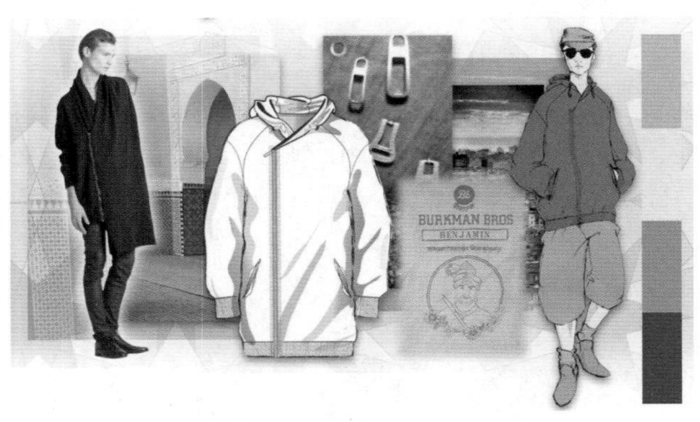

图 6-12　休闲长上装

6.2.3 开襟毛衫

这款开襟毛衫的设计灵感显然来源于对自然之美的追求与尊重。采用透明质地网眼针织布，不仅让衣物本身拥有了轻盈透气的特质，还巧妙地营造出一种朦胧而神秘的美感。这样的设计不仅体现了穿着者的个性和品位，更是一种对传统服装材质的颠覆性创新，如图 6-13 所示。

图 6-13　开襟毛衫

6.2.4 休闲针织衫

休闲针织衫采用厚重网眼制作，使得整件衣物更加立体有型。这种网眼设计不仅增加了衣物的透气性，还为整体造型增添了几分神秘感。同时，钩编风格花纹的加入，使得休闲针织衫更具艺术感和个性魅力。这些花纹可以是简单的线条、几何图形，也可以是复杂的花卉图案，每一种都展现出不同的风格和气质，如图 6-14 所示。

图 6-14　休闲针织衫

6.2.5　绅士背心

谈到这款背心的设计亮点，不得不提的是那些精致的线条装饰。线带和滚边的设计，不仅为背心勾勒出了优雅的 V 领形状，更是在视觉上形成了一种动感与静态的对比。这样的设计手法，使得背心在保持了复古风格的同时，也展现出了一种现代的精致感，如图 6-15 所示。

图 6-15　绅士背心

6.2.6　双排扣开襟羊毛衫

双排扣的设计本身就是一种经典的叠穿元素，而将其运用在羊毛衫上，无疑增加了更多的变化和可能性。无论是内搭衬衫还是高领毛衣，都能与这件羊毛衫完美融合，展现出不同的风格和气质。这种设计不仅满足了现代人对于穿搭的多样化需求，更体现了设计师对于服装功能性与美观性并重的思考，如图 6-16 所示。

图 6-16　双排扣开襟羊毛衫

6.3 男式牛仔

牛仔，这个源自美国西部的粗犷面料，已经成为全球时尚界的宠儿。它不仅仅是一种布料，更是一种文化的象征，一种生活的态度。在男式服饰领域，牛仔系列以其独特的魅力，赢得了无数男士的青睐。下面我们就来聊聊这个永恒的话题——男式牛仔系列。

以下是男式牛仔的设计策略，如图 6-17 所示。

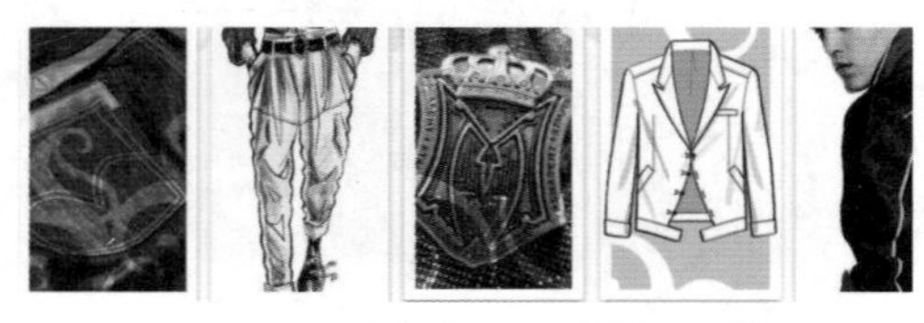

图 6-17　男式牛仔的设计策略图

骑术细节：采用骑马设备的皮革镶边来增添特色。

新颖混合：通过定制轮廓设计，打造独特的牛仔裤款式。

重金属：重新运用复古黄铜元素作为装饰，带来不一样的视觉冲击。

经典翻新：新款牛仔夹克使用华丽的门襟设计，为经典板型注入新意。

线条质感：通过亮色织边来强调服装的线条与质感，主打造型如图 6-18 所示。

图 6-18　男式牛仔的主打造型

6.3.1 牛仔夹克

笔直结构，是这件牛仔夹克的灵魂所在。它回归到了历史的深处，汲取了传统服饰的精髓。在那个年代，服饰的线条往往是直来直去、简洁有力，这种设计不仅体现了当时的审美观念，也反映了人们对生活的态度——直接、坦诚、不拖泥带水，如图 6-19 所示。

图 6-19　牛仔夹克

6.3.2　轻盈夹克衫

想象一下，当你穿上一件仅重 180 克的斜纹织物夹克，那种几近无物的感觉仿佛是夏日微风的温柔抚摸。设计师们巧妙地运用褶皱处理技术，不仅使夹克衫更加贴合身体曲线，还增添了一丝不经意的随性美感。这种设计让人不禁联想到轻松的海边漫步或都市中的闲适午后，它不只是一种服饰，更是一种生活态度的体现，如图 6-20 所示。

图 6-20　轻盈夹克衫

6.3.3　无袖燕尾服衬衫

精美细节是这款无袖燕尾服衬衫的一大亮点。设计师巧妙地运用了翻面的灰色调钱布雷材料，这种面料以其独特的质感和微妙的光泽，为衬衫增添了一丝低调的奢华感。而褶皱的处理则更是点睛之笔，它们在光线下呈现出层次分明的美感，既增加了服装的立体感，又赋予了穿着者更多的动感与活力，如图 6-21 所示。

图 6-21　无袖燕尾服衬衫

6.3.4　牛仔衬衫

这款牛仔衬衫既保留了条纹的简洁明快，又融入了字母纹饰的文化韵味，形成了一种独特的视觉效果。这种效果既不失时尚感，又充满了艺术性，仿佛是一幅立体的画作，让人在欣赏的同时，也能感受到设计师的匠心独运，如图 6-22 所示。

图 6-22　牛仔衬衫

6.3.5　兜帽外套

兜帽设计是这款外套的一大亮点。兜帽不仅能够在阳光强烈时为冲浪者们提供遮阳的作用，还能在海风较大时保护头部免受寒冷侵袭。同时，兜帽的设计也为整件外套增添了一份休闲与时尚的气息，让冲浪者们在海滩上成为一道亮丽的风景线，如图 6-23 所示。

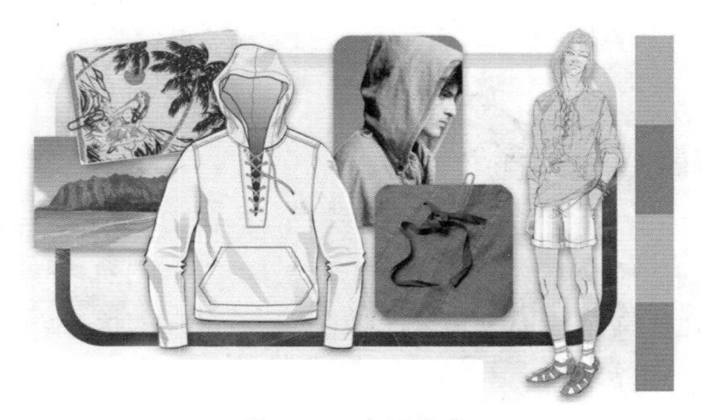

图 6-23　兜帽外套

6.3.6　宽松卷边牛仔裤

这种风格的牛仔裤不再追求紧身的效果，而是选择了更为宽松的设计。这样的设计不仅能够更好地适应各种身材，还能够给人一种轻松自在的感觉。同时，褶皱和卷起的裤边也为这种风格增添了几分时尚感。这些元素使得“宽松酷毙”成为了一种既舒适又时尚的选择，如图 6-24 所示。

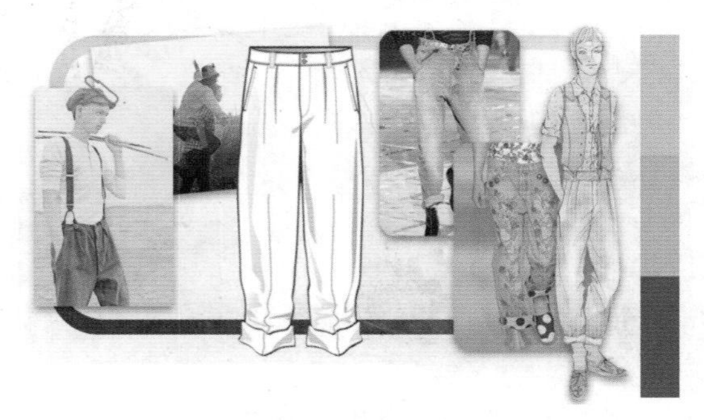

图 6-24　宽松卷边牛仔裤

第7章 女式服装配色实战

7.1 女式梭织

女式梭织在制作过程中需要经过多道工序，包括选材、设计、编织、染色、整理等。每一道工序都需要精心操作，才能保证最终产品的品质。这种严谨的制作过程使得女式梭织具有极高的品质保证，无论是在舒适度、耐用性还是在美观度方面，都能够满足现代女性的需求。

以下是女式梭织的设计策略，如图 7-1 所示。

图 7-1　女式梭织的设计策略图

经典白衬衫：受历史风格的启发，通过戏剧化的领子设计，创造出新颖的造型。

保护层：本季采用塑形皮革作为材料，参考铠甲的结构造型，带来独特的时尚感受。

膨胀的衬裙：通过僵硬的荷叶边与褶皱层叠设计，重新诠释了丝质塔夫绸的质感。

皇家皱领：皱领设计向伊丽莎白一世时代的宫廷装致敬，体现了古典优雅的风格。

黄蜂腰：精美骨架系带的紧身胸衣工艺再度回归，展现女性曲线美。主打造型如图 7-2 所示。

图 7-2　女式梭织的主打造型

7.1.1　女式短款泡泡袖

泡泡袖以其独特的蓬松感为人所熟知，而短款化则进一步强调了肩膀与手臂的宽度，营造出了一种强烈的视觉冲击。与此同时，盖袖风格的加入，以部分遮盖手部的设计，既保留了泡泡袖的夸张效果，又增添了一丝神秘与优雅。束腰设计作为一种历史悠久的剪裁技巧，在现代服装中依然占有一席之地。它不仅勾勒出身体的曲线，更是在视觉上创造了一种上下身分离的效果，使得下半身显得更为轻盈，如图 7-3 所示。

图 7-3　女式短款泡泡袖

7.1.2　暗黑蕾丝裙

蕾丝的边缘旋转着复杂的花纹，薄纱轻拂肌肤如同夜风中的幽灵，而刺绣织物则以精细的线条勾勒出一幅幅令人沉醉的画卷。这些元素的组合不仅仅是对女性化的致敬，它们共同编织出一种全新的精美作品。为了追求摩登质感，我们在设计中加入了外露拉链。这些拉链不仅起到装饰作用，更是连接不同面料和细节的关键。拉链的金属光泽与蕾丝、薄纱和刺绣织物形成了冷峻与温柔的对话，它们既是实用的细节，也是美学的表达，如图 7-4 所示。

图 7-4　暗黑蕾丝裙

7.1.3　舒畅大衣

这款大衣的设计灵感来源于东方的传统文化，它以宽大的比例和流畅的线条，展现出一种独特的美感。这种设计不仅让人感到舒适，更有一种深深的吸引力，仿佛是东方的神秘魅力在现代社会中的再现。大衣的制作工艺也是十分讲究的。它采用的是高质量的面料，经过精细的裁剪和缝制，使得大衣的每一个细节都充满了艺术感。而且，大衣的宽大比例设计，使得穿着者在寒冷的冬日里，可以得到更好的保暖效果，如图 7-5 所示。

图 7-5　舒畅大衣

7.1.4　蝴蝶拼贴夹克

无论是蝴蝶的繁复拼接片还是蚕蛹的顺畅形态，都是大自然赋予我们的宝贵财富。设计师们通过巧妙地运用这些元素，创造出了既美观又实用的夹克。这种夹克不仅展现了现代时尚的创新和多样性，也让我们看到了自然与人类生活的紧密联系，如图 7-6 所示。

图 7-6　蝴蝶拼贴夹克

7.1.5 A字型外套

A字外型的华达呢外套，以其简洁流畅的线条，一直是时尚界的经典。它不仅代表着一种优雅的态度，更是一份对过往时光的怀念。在重塑这一经典款式时，设计师巧妙地将其缩短，令外套呈现出更加轻便、活泼的风格。而在复古细节的运用上，设计师更是下了一番功夫。插肩袖的设计，不仅软化了肩部的线条，还增添了一份随性与自在。口袋的加入，既实用又增加了外套的休闲感，如图7-7所示。

图7-7　A字型外套

7.1.6 长款裙裤

想象一下，一条裁剪得体的长款裙裤，裤脚轻轻卷起，展现出一种随性而又不失格调的美感。它仿佛是从父亲的衣橱中不经意间借来的，却带着一股子女性的柔美和优雅。这样的设计不仅打破了性别在服饰上的界限，也给传统的女性装扮带来了新鲜的气息。接下来是“包裹与打结”。这个设计元素在女装中并不少见，但将其运用在同布料的蝴蝶结闭口上，则创造出了一种天然的褶皱效果和纸袋式的腰部设计。这种设计巧妙地隐藏了腰部的线条，无论是直筒身形还是曲线玲珑的体态，都能在这款裙子的包裹下显得既舒适又高雅，如图7-8所示。

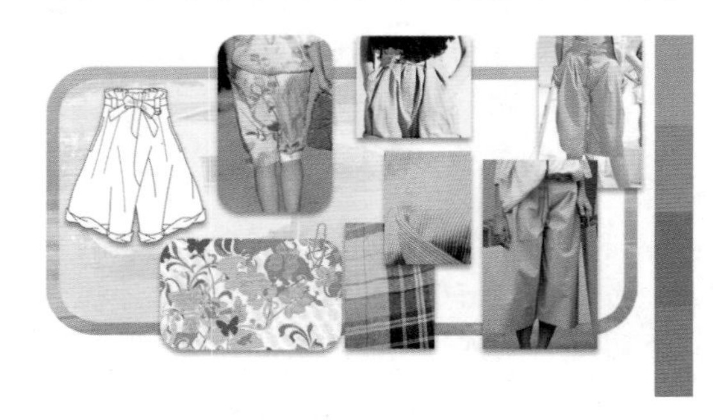

图7-8　长款裙裤

7.2 女式针织

在时尚的舞台上，女式针织一直以其独特的魅力和舒适性吸引着人们的目光。无论是柔软的羊绒、轻盈的棉线，还是光泽的丝绸，针织品总能以不同的材质和纹理，为女性带来既实用又美观的穿着体验。

以下是女式针织的设计策略，如图 7-9 所示。

短小可爱：通过卷起裤边的技巧，打造出迷人超短裤。

精美抓绒：选用运动衫材质，塑造出优雅成熟的轮廓。

手工制作：巧妙运用不同重量与纹理的材质，重新诠释钩编与编结艺术。

花俏针织：以针黹图案增添趣味性，营造出酷感十足的夏日层次。

紧身衣回归：紧身衣强势回归，成为层次穿搭中不可或缺的单品。主打造型如图 7-10 所示。

图 7-9　女式针织的设计策略图

图 7-10　女式针织的主打造型

7.2.1　宽松休闲 T 恤

休闲 T 恤的设计注重宽大与松散的造型。这种设计不仅能够营造出轻松自在的氛围，还能够适应不同身材的人群。宽松的领口设计，使得穿着者在活动时更加自如，不受束缚。同时，超长款式的运用，也为整体造型增添了一丝时尚感。休闲 T 恤在材质上追求柔软与轻薄。水洗平纹针织衫的运用，使得 T 恤在触感上更加柔软舒适，同时也增加了衣物的透气性，如图 7-11 所示。

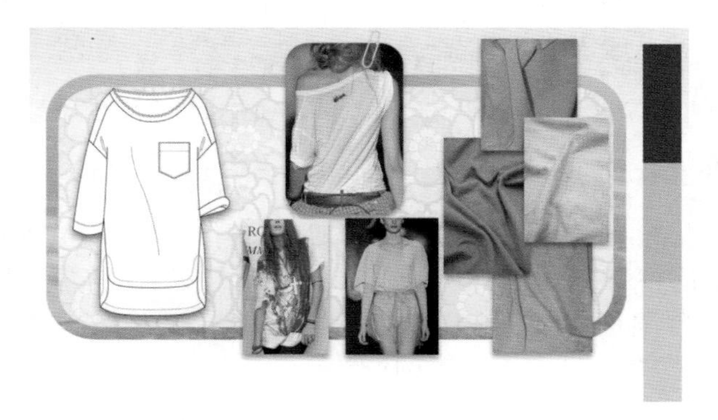

图 7-11　宽松休闲 T 恤

7.2.2　宽松短上衣

宽松设计，作为一种服装风格，它的魅力在于其无拘无束的剪裁和对各种体型的包容性。大款截短上装，以其独特的板型，打破了传统紧身剪裁的束缚，为穿着者提供了前所未有的舒适感。它的流行，不仅是对休闲生活方式的一种呼应，更是对个性化表达的一种鼓励。在宽松的轮廓下，每个人都可以找到属于自己的那份自在与从容，如图 7-12 所示。

图 7-12　宽松短上衣

7.2.3　大号 U 型背心

随着街头文化的兴起，超大款服饰因其宽松舒适的板型而深受年轻人喜爱。U 领背心作为衣橱中的必备单品，其重新设计显得尤为重要。设计师们在保留 U 领背心原有简约风格的基础上，加入了拉伸材质和磨旧效果，使其既具有复古韵味又不失现代感。拉伸材质的引入，使得背心更加贴合身形，提供了更好的活动自由度。这种材质的使用，不仅提升了穿着体验，还增强了衣物的耐用性，如图 7-13 所示。

图 7-13　大号 U 型背心

7.2.4　斗篷外套

斗篷外套，这一古老的外衣形式，源自中世纪欧洲僧侣的衣着。它以其超大兜帽和拉长的设计，给人一种神秘而庄严的感觉。在现代的演绎中，斗篷外套保留了其原始的魅力，同时被赋予了新的生命。设计师们巧妙地将其与大款 T 恤相结合，打破了传统与现代的界限，创造出一种既舒适又具有强烈个性的风格，如图 7-14 所示。

图 7-14　斗篷外套

7.2.5　围裹式运动衫

在异域文化中，缠绕与围裹式的服饰往往具有浓厚的民族特色，它们以独特的剪裁和图案展现出一种别样的美感。因此，我们在设计这款运动衫时，也要充分挖掘异域文化的内涵，将其融入服饰的每一个细节之中。为了凸显绷带美感，我们还可以在运动衫的腰部和袖口处加入装饰珠带与镶边。这些细节设计既能为运动衫增添一抹亮色，又能凸显出女性的曲线美，如图 7-15 所示。

图 7-15　围裹式运动衫

7.2.6　德鲁伊连衣裙

德鲁伊连衣裙以其大翻领的设计脱颖而出，它不仅为日间装束带来一抹庄重的气息，更为晚装增添了一份仪式感。这款连衣裙的魅力，在于其翻领的线条干净利落，无论是商务会议还是晚宴派对，都能展现出穿着者的干练与优雅。面料选择上，采用轻柔而坚韧的纤维，既保证了衣裙的流动性，又不失形态的稳定性，仿若轻抚肌肤，吐露着女性的力量与柔美，如图 7-16 所示。

图 7-16　德鲁伊连衣裙

7.3　女式牛仔

在女式牛仔的设计中，设计师们总是能够发挥出无尽的创意。他们巧妙地运用剪裁、拼接、磨白等手法，让牛仔布料焕发出新的生命力。无论是宽松的阔腿裤，还是修身的铅笔裤，都能展现出女性的曲线美。而牛仔外套、牛仔裙等单品，更是为女性们提供了更多的搭配选择。

以下是女式牛仔的设计策略，如图 7-17 所示。

装饰派牛仔：以同质材料作为点缀，增添独特装饰风格。

复古内衣：结构设计借鉴 50 年代的紧身胸衣，呈现复古韵味。

多种闭口：通过密布的纽扣设计，增加了服装的装饰效果。

摩登战士：受到盔甲的启发，打造出强势的垫肩廓形，展现现代战士的风貌。

装饰艺术：巧妙运用多层牛仔材质，创造出全新的荷叶边效果。主打造型如图 7-18 所示。

图 7-17　女式牛仔的设计策略图

图 7-18　女式牛仔的主打造型

7.3.1　女式低口袋裤装

全新裤装外形的探索，始于对焦特布尔传统风格的深刻理解与尊重。设计师们巧妙地将极低口袋融入服装设计之中，这不仅为服饰增添了一抹现代感，更是对传统服饰功能性的一种扩展。这种设计不仅提升了服装的实用性，更在视觉上营造出一种独特的流动感，使得整体造型更加动态而富有生命力，如图 7-19 所示。

图 7-19　女式低口袋裤装

7.3.2　方肩牛仔夹克衫

方肩设计源自传统的正装裁剪，它强调肩膀的线条感，给人以力量与稳重的印象。而宽松衣袖的加入，则为整体造型注入了一种随性而不失优雅的风格。这种设计巧妙地结合了严谨与休闲的元素，适合追求个性而又不愿完全放弃传统美学的现代人。同时，摩托车夹克的细节处理，如不对称的拉链设计、袖口和下摆的紧固设计，都为穿着者提供了既实用又具有时尚感的选择，如图 7-20 所示。

图 7-20　方肩牛仔夹克衫

7.3.3　牛仔塑身内衣

肩带和缝线的使用也是塑身内衣设计中的一大亮点。肩带不仅仅是连接内衣前后片的实用元素，更是展现个性的时尚装饰。从细带到宽带，从简约到华丽，不同设计的肩带能够满足各种风格的需求。而缝线则是塑形的魔法线条，它们巧妙地勾勒出身体的轮廓，让塑身内衣在贴合肌肤的同时，也能够展现出独特的美感，如图 7-21 所示。

图 7-21　牛仔塑身内衣

7.3.4　牛仔连衣裙

小泡泡袖的加入，则是这场革命中的点睛之笔。它轻轻地拂过肩膀，带着一丝俏皮与甜美，却又不失力量感。小泡泡袖与低腰线的搭配，就像是古典与现代的跨界合作，既有历史的沉淀，又有未来的想象。而波浪短裙，则是这一系列设计中的华彩乐章。它的出现，打破了常规短裙的单调与直白，用起伏的波浪形态，营造出一种流动的美感，如图 7-22 所示。

图 7-22　牛仔连衣裙

7.3.5 荷边短裙

荷叶边以其自然波浪形态著称，它模仿自然界的荷叶边缘，呈现出一种轻盈飘逸的美感。当这种设计以不对称的方式随机置于短裙之上时，每一次步伐的移动都伴随着荷叶边的轻轻摆动，如同微风吹拂下的荷叶，散发着随性而优雅的气质。这种设计不仅打破了传统服饰的刻板印象，更是在视觉上创造了一种独特的节奏感，使穿着者的每一个动作都充满了韵律和生命力，如图 7-23 所示。

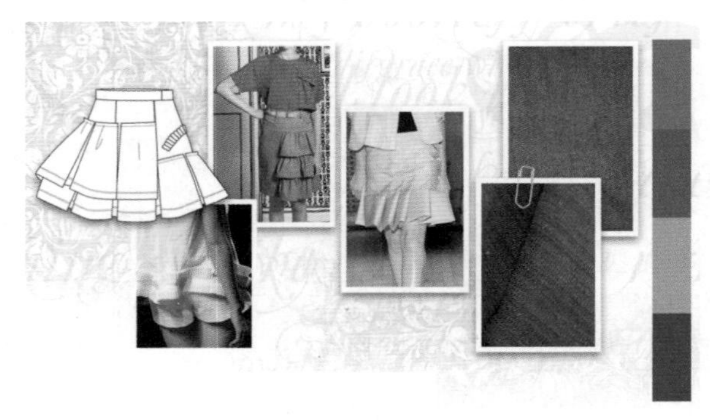

图 7-23　荷边短裙

7.3.6 修身喇叭牛仔裤

修身服饰，顾名思义，是指紧贴身体曲线的设计，它强调身体的线条美，如同雕塑家精心雕刻的作品，每一寸都流露出精确与细腻。而喇叭形则是指在服饰的某个部分，如袖口或下摆，呈现出扩散状的造型，它像是音乐中的渐强符号，为整体造型增添动感与生命力，如图 7-24 所示。

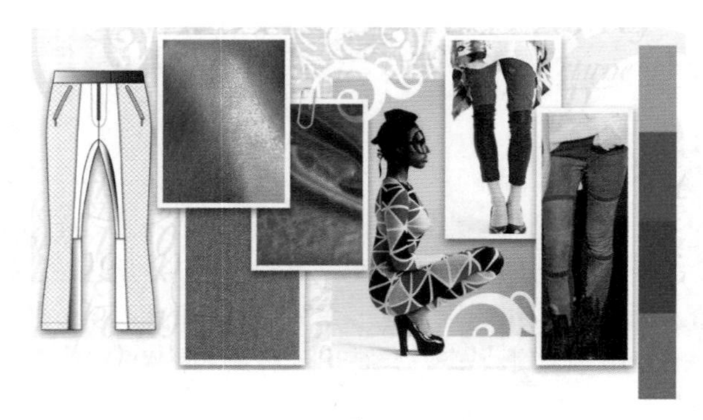

图 7-24　修身喇叭牛仔裤